CONTROL YOURSELF
WHEN THE WORLD IS OUT OF CONTROL

当世界无法控制时
控制自己

能驾驭自己的人，才能驾驭命运

卡耐基 / 著　陈铭 / 编译

中国華僑出版社

图书在版编目(CIP)数据

当世界无法控制时控制自己 / (美) 卡耐基著;陈铭编译. —北京:
中国华侨出版社, 2013.7

ISBN 978-7-5113-3784-9

Ⅰ.①当… Ⅱ.①卡… ②陈… Ⅲ.①成功心理-青年
读物Ⅳ.①B848.4-49

中国版本图书馆 CIP 数据核字(2013)第149238 号

当世界无法控制时控制自己

著　　者 / (美) 卡耐基
编　　译 / 陈　铭
责任编辑 / 宋　玉
责任校对 / 孙　丽
经　　销 / 新华书店
开　　本 / 870 毫米×1280 毫米　1/32　印张/8　字数/132 千字
印　　刷 / 北京建泰印刷有限公司
版　　次 / 2013 年 9 月第 1 版　2013 年 9 月第 1 次印刷
书　　号 / ISBN 978-7-5113-3784-9
定　　价 / 28.00 元

中国华侨出版社　北京市朝阳区静安里 26 号通成达大厦 3 层　邮编:100028
法律顾问:陈鹰律师事务所
编辑部:(010)64443056　64443979
发行部:(010)64443051　传真:(010)64439708
网址:www.oveaschin.com
E-mail:oveaschin@sina.com

前言

这个世界唯一无法控制的就是变化，变化是时间与空间的产物，变化也会把一切事物都溶解在时间与空间里。世界永远在进步，当这个世界已经变得不是你想象的样子时，你该怎么办？你该控制这个世界还是控制你自己？

在这个动荡世界里，我们都在坚强地生活着，年少时，我们曾想改变这个世界、控制这个世界，成年后的我们常会对年少的幻想一笑而过，然后继续坚强地生活。

然而，你是否想过，既然无法改变、无法控制这个世界，但是最起码可以改变自己，控制自己的内心，改变自己的观念，控制自己的世界，世界也会因为我们的改变而转变。

人类是理性的生物，所以人是一个行为主义者，人的每一个动作、每一句话都是一个行为，你的行为能引起什么样的效应？如果人的一生像小草般不起眼地生长，像小花般随风流浪，像小溪般最后不知道自己是谁，那么，人的行为会失去任何意义，说白了，就是这一辈子白活了。

亚历克斯·弗莱明在做葡萄的相关研究时，一晚忘记收拾实验台，第二天，用他自己的话说，“早上醒来时，我从没想过会发现世界上第一种抗生素，并因此引起了医药革命，不过我想，那确实是我做的。”一个研究葡萄的研究者因为太劳累而没有去收拾自己的实验台，于是青霉素就这么诞生了。

奇迹往往很简单，只要你想认识自己，并想改变自己，就能创造奇迹。

本书不仅是一本让你改变自己、控制自己的书，更是自身一次非同寻常的探索，一次同世界的对话。

本书通过深入浅出的心灵分析把晦涩难懂的心理学概念简单化、大众化，让读者在阅读本书的同时，在潜意识里认识自己，改变现状，实现心中所想。

本书提供的10个详细改变自身的步骤，会让你从一个没有方向的年轻人变成一个懂得人生规划的实践者，让你从一个普通职员变成行业里的精英，让你浑身充满硬实力。建议每个大学生、青少年、职场白领、商场奋斗的广大人士，喜欢思考的社会人士读一读、悟一悟，你的人生、心理、观念、命运，或许将从此改变。

目录

目录

目录

目录

目录

目录

读懂自己，世界才会读懂你 | 第一步

○任何时候，不论年龄大小，只要改变自我意象，你就可以开始完全不同的新生活。

○调查研究表明，不低于90%的人对自己身体的某一部分并不满意，但事实上我们当中不会有90%以上的人外表不正常。

○一个人在努力完善自己的过程中并不是孤立无援的。每个人都有一种与生俱来的“求生本能”，这种本能可以促使我们得到健康、幸福，进而享受美好的人生。

认识自己

自20世纪60年代，心理学开始蓬勃发展。有关“自我”的新理论、新观念开始出现在临床心理学家、精神病研究专家中间。这些惊人的研究成果，带来了人的思维、性格甚至生活的巨大变化——害羞内向的女孩变得活泼而开朗；屡屡失败的人成了成功者，等等，不胜枚举。显而易见，“真我”的发现能够改善不良的现状，它揭示了成功与失败、爱与恨、痛苦与幸福之间有根本区别的原因所在。

如今，“自我揭示”类的心理学书籍越来越多，并渐渐演变成一种时尚理论——认识“自我”才能改造“自我”。

时间和事实证明，认识自我可以帮你实现包括提高烹饪水平在内的任何目标。换句话说，任何事，你都可以通过运用心理学概念化难为易，从而解决它。

我想，揭示“自我”毫无疑问是现代心理学最重要的发现。揭示自我，控制自我，并为自己服务，会获得巨大的能量。

我们从童年到成年之后的成败、荣辱以及别人对我们的评价和看法形成了我们的“心像”，无论你是否意识到它，它是确确实实存在的。这是根据我们本身的看法形成的。它使我们在心理层面描绘了一幅关于“自我”的图像，这种想法和看法进入这幅图像，就变得“具体而真实”。你不会怀疑、质疑它，就像它变成了“事实”。

再具体一点，你所感知的一切，脑海中接收的信息，甚至你的天赋、才能，都是自我意象表现。就像你的想法决定你的行动一样，你无法背离你的“想法”。比如你竭尽全力去做一件事情，却没有完成，其原因并不是通常所说的意志不坚定，而是因为这一切听从于你的“意象”管理。

当一个人的自我意象是“我控制不了暴饮暴食”，抑或是“我没有时间运动”，那么他的自我意象会告诉自己“我很胖”。一旦这个想法变得具体（即“我很胖”），他甚至不能与自我意象对抗。无论你如何竭尽全力尝试逃避自我意象，就算你能在短时间内逃避它，但随即会产生“反弹”，像一根被拉长的弹簧，一旦失去外力，很快就会恢复原样。

这种“反弹”效应无处不在，它涵盖了你生活的方方面面，你的工作、你的球技、减肥、人际关系等。

你的全部性格特征、做事准则，包括你的生活环境都是以你的自我意象为基础的。而事实上，我们的生活轨迹似乎也在证明着它的“正确”，从而成为一个循环。那么这个循环是恶性，还是良性？是要看具体情况来说的。

譬如，一个自视为“烹饪很糟糕”的主妇，总觉得自己的饭菜很难吃，如此她便有了“证据”。同样，一个相信自己“很棒”的推销员，会在工作经历中发现自己真的是一个很棒的推销员。由此，自我意象似乎已经成为我们对自己评判的一种“证据”。

我们很少意识到问题的症结其实是我们的自我意象，或者说对自己的评价。如果你告诉这个烹饪很糟的主妇，这一切不过是她自己的“想象”，那她很有可能会怀疑你是个疯子。她接着努力学习烹饪，但结果依旧不令她满意。相同地，你如果告诉一个“很优秀”的推销员，说你根本就很差劲，那么他很可能会竭尽全力地干好这一行，证明给你看。所以，如果我们说服人们改变自我意象，无论是主妇的烹饪，还是推销员的赚钱能力，都会发生极大的变化。他们的“能力”是建立在某种根深蒂固的思维模式上的，这种思维模式可能他们自己都难以察觉，它一旦改变，将发生不可思议的变化。可以准确地说，任何时候，不论年龄大小，只要改变自我意象，你就可以开始完全不同的新生活。

很多人说，这些积极的思考自己也曾尝试过，但丝毫没有用。其实他们的“积极思考”要么用于考虑外部环境，要么用于考虑特定情况和性格缺陷。而自我意象才是实现目标的关键，人们往往忘了这一点。也就是说，如果对自己的看法始终很消极，却又想对某一特定情况进行积极思考，这无异于把新布料补在了旧衣服上。事实上，自我意象一旦改变，新的“自我意象”就会很容易产生。

自我意象是性格体系的基础，已故的普雷斯科特·莱基是研究自我意象心理学的先驱之一。他把人的性格看成一个“思想体系”，其中任何一种思想都要与体系中的所有其他思想一致。不一致的就会被体系排斥，不被信任，从而没有领导行动的效力。这个思想体系是以自我意象为基础的。莱基是一位教师，因此他可以通过学生来证明他的理想。他认为，如果学生不擅长某一科目，那可能是因为他自认为这一科目非常难，或者自己不适合学习它。然而莱基认为，如果能敦促学生改变他的自我意象，他的学习便会产生很大的变化。这些孩子的症结并不是笨或者缺乏天赋，而是他有不恰当的自我意象。比如“我学不好英语”“我天生不是学化学的料”，他们认同和相信自己失败的自我意象，得出“我是个失败者”的结论。莱基还用同样的办法，纠正了学生口吃、咬手指之类的坏习惯。这样的事例不胜枚举。莱基博士对该课题有突破性的巨大贡献，现在越来越多的人已经接受了“自我意象可控”的观点。

每个人都有一座心牢

对于一个有先天缺陷的人来说，矫正缺陷的作用，类似于给不幸被毁容的人整容一样。这给他们带来神奇的逆转。同理，对于一切焦虑、恐惧、不幸和缺乏自信的矫正，就应该像消除身体缺陷一样，消除他们的这些与之对应的自我认定。调查研究表明，不低于90%的人对自己身体的某一部分并不满意，但事实上我们当中不会有90%以上的人外表不正常。不可否认，某些人的不满会转化成某种积极的自我暗示；但是在另一些案例中，不满会促使人们尝试注定失败的努力（自我意象并没有改变），导致他们从此消沉。与其说他们有缺陷，倒不如说是他们给了自己缺陷的证据。这是心的牢笼，挡住了他们通向完美人生的道路，尽管这些所谓的缺陷微不足道，甚至根本不存在。现实里不缺乏贫穷孤独的人乐享幸福，而巨富商贾却痛苦不堪的案例。这依旧可以用自我意象来揭示奥秘。想要乐于享受当下的生活，必须有一个与之对应的自我意象，当这种自我意象没有被别的自我意象超越或者取代，你会感觉良好；而当它受到威胁时，你就会焦躁不安。如果它恰好与你的生活、性格对应，那么你甚至会为之自豪，从而更充分、更勇敢地展示自我，进而成为自我意象中那个最佳的“自我”。当你的自我意象成为你生活、性格的对立面，你会终日为之沮丧，会竭尽全力地掩饰它，而非展示，自身的行动受其控制，变得不积极，极难相处。

打开心牢

了解了这些，我开始认识到，一些所谓的病人，其实根本不需要“外部”治疗，不是治疗他的鼻塞、头痛、耳鸣或是脚伤，而是给予他们更多——我们应该让他们获得心灵和情感上的完整的治疗，从而让他们获得正面积极的想法和态度。

我对这个现象产生了极大的兴趣，通过对各个案例的整理归纳，渐渐形成了一个学术体系，也被越来越多的人们所接受。

我非常高兴看到人们通过自我意象的魔力取得成功，这也愈加坚定了我的想法，任何人内心真正想要的，其实是更灿烂美好的人生，简单地说，是一种“能量”。一种不被自我意象控制的生活愿景。无论你对完美的人生如何定义，究其本质，无非是幸福、安宁、成功或者喜悦。只要充分认识和发挥自身的天赋和才能，这种能量便唾手可得。

我认为，精神病专家和心理学者们低估了人们自我寻求改变的潜力（哪怕这种改变将取得重大突破）。精神病专家和心理学者接触的人大多是他们认为“非正常”的人，所以在相关的文学作品中，介绍的都是各种“非正常”的人和事，提及其中部分人有自毁情结。很多人对这样的看法习以为常，他们开始把仇恨和厌世、自惭和自责之类的消极心理视为人类的正常心理，对此我感到非常担心。普通人在消灭自身的消极因素并且寻求获得健康和幸福时，往往显得心力交瘁，意志力不足。在现实生活中，倘若这样的现象真实地存在，那么一个人非常努力地完善自己的过程将会变得没有意义、无果而终。

然而我的观点是：一个人在努力完善自己的过程中并不是孤立无援的。每个人都有一种与生俱来的“求生本能”，这种本能可以促使我们得到健康、幸福，进而享受美好的人生。这种本能通过“创造机制”发挥作用，一旦它开始启动，就会深入内心，帮助你成功。我的这个观点最终通过我的许多病人的经历得到了验证。

在这本书里，我会为你提供较为客观的意见和建议，帮助你解脱心理枷锁，激活你体内的成功机制。我相信，只要你按照本书的建议锻炼自己，你将会惊喜地发现自身在发生着积极的变化。

成功是天生的吗

大量事实表明，成功的基础不是天资，而是教养。因为从他们的家族史来看，遗传基因与他们的成功关系不大，甚至毫不相干。相反，这些成功者身上的某些特质是别人为其设计，或者是自我设计的。

成功不是遗传的，你看，毕加索的父亲并不是一个了不起的艺术家；沃尔特·迪斯尼的父亲从事了几项事业也屡屡失败——显然，成功是不能遗传的。事实上，成功的主要因素是通过调节培养恰当的自我意象，而不是为遗传基因怨天尤人。也就是说，你不能选择你的出身，但是你可以通过心理控制法来设定自我意象。换言之，如果你遗传了非凡的运动基因，但是你没有调节到恰当的自我意象，优秀的基因也会被埋没。自我意象控制和管理你的性格和行为，会对你的人生轨迹有非凡的作用。朋友们，现在你们明白如何才能获得想要的结果或者成功的原因了吧，把“没有宝贵的天赋和优秀的基因”这种理由抛下吧，这是最自暴自弃的借口。

亲爱的朋友，现在我们仔细回想一下那些从小口吃的推销员、身材瘦小的足球运动员和不敢大声讲话而最终成为演讲家的人，看看他们在缺乏哪些素质，或者说天赋的情况下，却形成了自身独特的自我意象，进而成功。思考一下他们是怎么塑造恰当的自我意象，怎样加深和巩固自我意象的。

具体地说，你在观看过无数次舞蹈演出后，自己的舞蹈能力也会随之发生变化。你会吸收一部分专业舞蹈演员的精华，学习他们，提高自己。然而这种情况并不会持久，除非你能坚持频繁地观看舞蹈家演出，一遍一遍地模仿他们舞蹈的动作，创作自己的舞蹈。放在心理学上说，就是深化你的“心像”。因此，我建议你，反复，并坚持一段时间观摩你最想获得成就的那类事，或者你最想成为的那种人。通过模仿、学习、借鉴，为己所用。

第二步 舍离一切负面情绪

○工作紧张是影响许多职员健康的危险因素。这一结论明确指出了过度劳累会给身体带来严重的危害。

○你烦躁或宁静、恐慌或沉着，关键在于你对外界刺激的反应，而不是刺激本身。如果你对于外界刺激不作反应，无论发生什么，你都不会有坏心情。

○幽默是一项内力深厚的功夫，它能够有效地调节人们的情绪，使人们的情操得以陶冶。

心累了，该怎么办

随着科学技术的发展，机械化、自动化已使人们的劳动强度大大降低了。现代人的工作时间比过去时代的人要短得多。但这并不是说人们一点都不“累”了。现代人的“累”主要表现在心理方面——各种工作和生活的压力让人们饱受紧张与疲劳的折磨。科学家们认为，随着生活节奏的不断加快，疲劳将会比其他的疾病更严重地影响着人们的学习与工作。太累、太疲劳已经成了人们日常生活中的流行词语。心理疲劳已经成为现代社会人类健康的“隐形杀手”。

前不久世界卫生组织的一份报告曾指出：工作紧张是影响许多职员健康的危险因素。这一结论明确指出了过度劳累会给身体带来严重的危害。

医学和心理学研究表明，心理疲劳是由长期的精神紧张、反复的心理刺激和恶劣情绪的肆意发展逐渐形成的。这种疾病一旦超越了个人心理的警戒线，各种疾病就会乘虚而入，不断发展——在心理上，会造成心理障碍、心理失控，甚至心理危机；在精神上，会造成精神萎靡、精神恍惚，甚至精神失常；在身体上，会让人处于亚健康状态，引发各种身心疾患。心理学家告诉人们，心理方面的紧张和疲劳，仅仅依靠睡眠是不可能得到完全的放松与解决的，还必须通过内在、外在两种锻炼来缓解。

针对内在的精神，你可以采用下面的 6 种方法来缓解心理疲劳。

(1) 开怀大笑。健康的大笑是消除疲劳的最好方法，也是发泄不良情绪的好方式。

(2) 放慢生活节奏。生活节奏的加快是造成心理疲劳的重要原因，所以把很多无所事事的时间也安排在日程表中就能够放慢生活的节奏了。

（3）沉默寡言。研究表明，高谈阔论血压会升高，而沉默则有助于血压降低。俗话说，“沉默是金”，为了消除心理疲劳，最好适当地保持沉默，认真地听别人说话是一种很好的享受。

（4）自己与自己谈心。比如在夜深人静的时候自己悄悄地给自己讲一些话，然后安然进入梦乡。

（5）不要紧张。研究证明，沉着冷静地处理各种复杂问题有助于释放紧张的情绪和压力。

（6）学会拒绝别人。有的人面子很软，不会拒绝本来应该拒绝的事情。因此，一个人应该学会在适当的时候对一些人和事说“不”。

针对外在的身体，你可以采取以下方法来缓解心理疲劳。

（1）集中精力呼吸 3 分钟。工作一段时间之后，用 3 分钟左右的时间缓解疲劳，两眼轻轻闭上，注意力完全集中在呼吸上，采用吐气比吸气长的腹式呼吸方式，这样会对身心健康产生良好的作用。

（2）冷水热水交替沐浴。工作一天之后回到家里，不要忘了用冷水热水交替的方法进行沐浴。实践证明，这样做能够有效地释放一天的压力，使人们的头脑更加清醒。

（3）适时补充维生素。医学研究证明，维生素中的维生素C、维生素E、维生素B群，矿物质中的钙、镁等物质都对抵抗精神疲劳有帮助。喜爱甜食的人，喜欢抽烟的人，爱喝咖啡的人，更要注意对这一类维生素的摄取，这样可以缓解人们的疲劳。

（4）娱乐。也许你在工作过程中，心理疲劳，但运动却不够。娱乐活动和体育活动为机体的锻炼提供了一个非常好的机会。人的身心两部分并不是彼此割裂、互不相干的，它们之间存在着水乳交融的密切联系。一个充满活力、生机盎然的机体可促使人们的心理面貌焕然一新，将心理上的紧张与疲劳一扫而光。因此，经常参加娱乐活动和体育健身的人，在运动场上、舞场上爽快地玩了一番之后，有一种轻松、畅快的感觉。

（5）按摩。按摩可以使紧绷的身体、僵硬的关节得到放松，也可以减少肾上腺素的分泌，对紧张情绪的释放有很好的效果。不管是自己按压身体紧绷的部位，还是到健身中心进行按摩，都可以起到这个作用。

（6）排解不良情绪。遇到挫折最怕的就是自己从此就垂头丧气，一蹶不振。遇到情绪不好时，要尽量想办法缩短时间，尽量重新找到自己的位置与自信。科学研究发现，自信的人机体中的细胞比较活跃。这种活跃的细胞不但能够增强人体的免疫功能，还可以提高对压力与挫折的忍耐力。情绪影响身体，身体也影响情绪。你要消除心理疲劳，那么排解情绪垃圾是必须要做的。

“逃避现实”不是个消极字眼

或许你每天东奔西跑，忙个不停。但不管再怎么忙，我都希望你每天留出一点时间让自己开个小差，进入你的安静小屋。只要你感觉压力骤增、匆忙劳顿，就不妨进入小屋休息片刻。这不是浪费时间，因为劳逸结合会使你效率更高，回报将会非常明显。

进入小屋后，想象着你一步步走上楼梯，穿过走廊，慢慢地打开门，进入房间，来到自己熟悉的椅子边，坐下，非常舒服，放松，心情平和。在想象中，要反复想着这里恬静、舒适的每一个细节。你的房间十分安全、安静，谁都打扰不到你。你已经把担忧留在门外了，在这里你不用担心和思考任何事情，也不需要做出什么决定。

有时候逃避现实也不错。不要以为“逃避现实”是个消极的字眼。其实睡觉就是逃避现实，在雨中撑一把伞也是逃避现实，盖一座挡风遮雨的小屋也是逃避现实，离开工作去度假也同样是逃避现实。我们的大脑和神经同样需要时不时地逃避现实，才能获得更多的自由和放松，避开外界刺激的攻击。所以，给心灵建一座小屋来保护它，就像你的肉体也需要一间房子一张床一样。每天让你的心灵在宁静的小屋里度个假，其实就是让你自己从充满责任与义务、抉择与压力的现实世界中逃离一会儿，把劳神的东西丢到脑后。

逃避现实的几种做法，大家可以参考参考。

一、放松会让你的情绪更加稳定

事实上，我们的不良情绪（如愤怒、恐惧、焦躁、不安等）并不是直接来自于外界刺激，而是来自于我们自己的反应。有反应，精神就会紧张；没反应，自然就会放松。科学实验证明，要有所行动或反应，首先要让肌肉紧张起来，只要肌肉保持绝对放松状态，愤怒、恐惧、焦躁、不安等不良情绪就不会发生，心态就会保持平和。所以，放松是天然的镇静药，它是一把为你遮挡不良情绪的保护伞。

我有一个朋友，早年他演讲时，上台前会用一些诸如来回踱步之类的习惯来帮助自己集中精力。但实际上，这些习惯无形之中加重了他的心理负担，因此每次演讲的表现都不能让自己满意。后来他改掉了这些小动作，在登台前，人们常常看到他神情自若地坐在那里，放松而随意。从此，在演讲时他总能表现得淋漓尽致。我们大家同样可以学会在不紧张的状态下，保持生机勃勃，斗志昂扬，使情绪达到最佳状态。

二、学会做对自己有利的减压活动

优秀的乒乓球运动员在准备发球时如果感到紧张而状态不佳，会稍停一会儿，会做些小动作——比如擦擦球拍，抓抓裤子之类——让自己放松，以获得较为平静的心态，重新调整注意力。优秀的运动员都有自己的一套持之以恒的心理控制练习法，而较为平庸的运动员则很少有。

我们在心理控制技巧的训练中有句话是这样说的："心静，身静；身静，心静。"这句话无论是正着念还是倒着念，都是一样的——无论是先放松身体还是先放松心理，都能达到彼此都放松的效果。

保持放松的诀窍就是要形成一套属于自己的"发球前小动

作”，用来克服紧张等不良情绪。无论是什么小动作，只要能使你自己感到平静和放松就可以。

古罗马一位哲人曾经这样讲：“人们习惯于凡欲隐退便寻找那种人迹罕至的地方，或山村，或海滨，或山中。而这也是你一心向往的。可归根结底，这是一种俗不可耐的向往，因为你自身当中便有这种随时隐退的力量，只要你希望如此。无论是想获得更多安宁还是更加没有苦恼，没有哪个地方比一个人自己的心更适于回避喧嚣的尘世；如果他心中认为‘看穿了尘世，就能得到纯粹的安宁’，那么事实就更是如此。而我坚信，如果你心中宁静，那你就已获得了内在的和平；这种和平安宁在于听从自心的吩咐。既然如此，立即让自己进入这种静修，重塑一个全新的自我吧……”

在这里我强烈建议大家，在自己的内心里，发挥想象力，建立一个安静的小屋，抵御外界的打扰。

给自己建一个减压室

很多人通过临时换个环境来给自己减压。我的一位当老板的朋友，有这样的习惯：在感觉压力让他透不过气时，就从办公室突然消失，去广场上喂喂鸽子或者去公园里散步，不带手机，不跟外人联络，将自己置身于喧嚣的世界之外。这样的减压方式固然好处多多，但是让你突然从工作中逃出来，坐着公车穿越闹市来到公园，一路奔波，是不是有些麻烦呢？

其实我们可以设计一个更简捷的“逃跑路线”——躲在你的“减压室”里。把这个“减压室”建立于你的想象中，随身携带，当你困倦了、烦躁不堪了，就迅速造访它，歇一会儿，精力就回来了。在你精神和情感的“减压室”里，无论外面如何暴风骤雨、恶浪滔天，里面也是一片宁静的海洋。

我相信每个人的心中都有一片宁静的地方。它永远不动，保持静止，不受干扰。我们要做的就是找到这个地方，隔一段时间就走进去，在里面休息，让自己恢复。依靠想象，在心中的宁静之处建立一个“减压室”，一个避难小屋——这也是我曾经给病人开具的最佳药剂。

如果你喜欢诗歌，就用最美的句子装点它；如果你喜欢油画，就用最喜爱的风景画装饰它。总之，小屋里的颜色是你最喜欢的，从天蓝、浅绿、淡黄这些舒服的色彩里选择一个吧。房屋里的装饰应当简单且质朴，美丽但不花哨，没有任何让你分散精力的东西。里面还有你舒服的床垫、舒适的椅子，透过明亮的窗户你会看到海滩和潮汐，但你听不到浪花的声音，因为你的小屋宁静极了。

在心中建造这所小屋时，一定要全身心地投入，像真的盖房子一样，考虑它的每个细节。不要因为觉得这很小儿科就半途而废。这种减压方式的重点就在于你在思维里创建它时的细心和认真，让它的真实性更高。

一位销售经理在公司忙了一天，下班回家时把工作中的烦躁情绪一起带了回来。在家人面前他会变得不耐烦。因此，他跟妻子大吵了一架，还给女儿带来了不好的心理阴影。把工作上的不良情绪和工作时所思考的东西带到家里来，不但会对工作毫无益处，也会让你的家庭生活变得糟糕。很多家庭矛盾就是这样产生的。

这时候，就去找你的心灵减压小屋，它会帮助你避免发生那样糟糕的问题。工作间隙、下班路上，利用一点时间进入心中的安静小屋放松片刻，就会起到类似计算器的“清零”作用，会让你在多个任务、多个环境之间转换心态和思绪时变得更加灵活。

失眠、易怒都是情感的残余。睡觉前把白天的烦心事带到了床上，你当然会辗转反侧难以入睡。跟新的客户谈话时，还想着上一个客户带给你的不快，就会引发新的矛盾。残余的情绪会让你难以面对新的局面。因此，在事情转换时，去你的小屋里放松一下，把不良情绪做个“清零”吧。

做个行为者，不要做反应者

练习本节介绍的技巧，你将学会如何给自己的精神撑起保护伞，这把保护伞可以阻挡外界刺激的侵袭，给你带来更多平静和安宁。作为一种精神镇静药物，这把保护伞没有副作用，也不必花钱购买。

不要忘记前文所讲的：你烦躁或宁静、恐慌或沉着，关键在于你对外界刺激的反应，而不是刺激本身。如果你对于外界刺激不作反应，无论发生什么，你都不会有坏心情。

做个行为者，不要做反应者。人的反应是要同环境因素相协调的。但从根本上讲，人不是反应者，而是行为者。我们不应该是一只随波逐流的小船，而应该是一名寻找目标并向着目标进发的舵手。在确定了目标之后，我们便可以针对环境作出恰当的反应，而且这种反应是我们主动的。

如果对负面影响的反应没能让我们在向着目标的方向继续前进，或者对实现目标起了消极作用，那么就根本没必要作出反应；也就是说，如果反应会让我们偏离正确的航道，那么这些反应就是不恰当的反应。

每一种情绪都有一剂镇静剂

在追寻目标的过程中，所谓的情绪稳定剂，就是保持目标不变。外界刺激的负面影响总会使你偏离航线，因此我们要避免不良反应的发生，让航船保持稳定。我们的航船不能因为海浪甚至是暴风雨而变得颠簸、摇摆、触礁甚至沉没。

一、不要同假想敌战斗

有一种反应可以造成精神忧虑、紧张、焦躁不安，那就是从情感上主观臆想出根本不存在的东西。许多人对现实环境中真实的刺激反应过度，并且不止于此，还在头脑中捏造出一些东西，并作出反应。环境中本来已经有不少消极因素了，我们自身还要增加消极因素，这是十分错误的行为。比如，有人会想“如果出现那种情况该怎么办”之类的问题。事实上，人类的神经系统无法辨别刺激是外界真实存在的还是通过自己想象而捏造出的，因此都会造成不良的反应，产生不好的情绪。

二、“什么也不做”是应对虚拟问题的解决策略

你完全可以控制自己的情绪不受这种捏造出来的干扰的影响。其方法不是要做点什么，而是什么也不做，即拒绝作出反应。当对担忧的情景想要作出反应时，赶紧让自己打住，置其于不顾。人在情感上，只要活在当下就好了。我们要分析环境中到底存在什么、不存在什么，才能作出正确的反应。要做到这一点，就要时刻保持警惕，将注意力都集中在正在发生的事情上，而不是集中在虚幻的环境中。

三、情感的急救包

内心的焦躁不安几乎都是由过度反应、过于敏感引起的，所以，可以塑造以下想法长存于脑中作为“急救包”：在自己和刺激之间建立一个屏障，不作反应就好了。

你可以改正过度反应的习惯，消除过去的条件反射，方法就是做“推迟作出反应”的练习。改正旧的习惯，形成新的好习惯。

放松是天然的镇静药物。放松就是不作出反应。只要通过日常训练学会使身体放松的方法，并熟练掌握运用，就会在关键时刻放松下来，对不良刺激不产生反应。

及时钻进心灵小屋。心灵的平静小屋既可以作为镇静剂缓解你过于紧张的神经，也可以作为橡皮擦把不适合于新环境的残余情绪从脑中擦除。

你的虚幻心像会给你带来糟糕的情绪。不要同假想敌作斗争了，只从感情上对现实的、此刻的东西作出反应吧，其他的东西不要去管。

转移注意力，别跟自己死磕

我想我们都有过这样的体验：我们一门心思地考虑一件事，越想越觉得没有出路，情况也越来越糟糕。这时候你应该做的事情就是转移注意力。你应该试着静下心来，看看你现在所处的房间。窗帘被风吹动，阳光忽明忽暗地洒在地面上，窗外有一条大约5米宽的小路，有个孩子穿着溜冰鞋很快地消失在拐角处。再看那边，一个老太太牵着她的宠物狗，哦，那好像是一只斑点犬。目光收回到房间里，桌子上有一杯咖啡，那是你每天早晨最喜欢喝的饮料，它让你一整天都精力充沛……试着把看到的一切景象描述给自己，这些景色的形态、颜色、内容。你是否意识到，整个过程中，你都不再陷在之前的困惑中不能自拔了？似乎我们都相信，思绪和注意力被打断是一件不好的事。就像我们还是课堂上的孩子一样，不认真学习总是会被老师批评。但是大脑一旦开始陷入僵局，你就无法摆脱，这种意识会控制你的整个情绪和行动。事实上我们可以打破这种僵局，那就是转移注意力。看一看手边的东西，喝一口桌上的咖啡，闻一闻院子里的花香，并且对自己描述这些复杂的信息。反复地练习转移注意力会帮你摆脱困惑、打破僵局。当我们陷入反复思虑的状态并且找不到答案的时候，有可能是因为我们忘记了一些什么，但自己却没有意识到。我们可以有意识地在一段时间内观察自己的思绪，包括一切想法和遗憾、懊悔、悲伤等所有感受。甚至都不用花时间来观察，想都不用想，我们以前面临这种困境的时候，总会感觉压抑、悲观和失望。这时候你安静地坐在椅子上，客观地思考这些想法和感受，它们到底对你来说会造成什么？然后你会意识到，正是这些造就了生活中发生的不快。也就是说，我们把时间都花在了思考、回忆不快的经历上去了。这样就陷入了一个恶性循环，仿佛再仔细想一想，就能弄清楚，这些到底是为什么？但是在这个过程中，你错过了现在所发生的一切，如果现在突然有一个通向成功的转折呢？但是你沉浸在不快的思索中，没有注意到。明白了这一点，我们就能更快地摆脱令人不快的思绪，你也不会为此遭受痛苦了。这时候要训练自己关注外界的信息。比如我现在，坐在俄亥俄州乡下房子的书房里，7 月的早晨，非常凉爽和舒适。我转过头就能看到窗外的街道，晨跑的年轻人大声地谈笑着。窗外的葡萄藤有了一串串小小的葡萄，下个月应该就可以摘下来吃了，或者被我的妻子用来酿酒，味道非常棒。书桌上是我的早餐，摩卡咖啡和培根三明治。我起身走出房间，空气干净而清爽。邻居在除草，并跟我打招呼。我抬头看天，一群鸟飞过。宁静而美好的清晨，这令我由内而外地感觉愉悦和幸福。

转移注意力，细致入微地感受你眼下发生的一切，也许你不在乡下，而是在城市过着忙碌紧张的生活。但是你可以试着闭上眼，静下心，问问自己，此刻正在发生什么？我感受到了什么？通过这些生活中闪动的微小幸福，来摆脱困境。

挑战反复思虑的做法

现在平静下来，开始回想那些令你不快的过去。努力回想，看你的思绪是怎样构成的，你是怎样弄明白这些事情和它的起因的。你开始和自己的过去甚至现在作斗争，急切地想找到真相。“爸爸怎么能说那样的话?”然后你沉入回忆的谷底。你在细数你过去的伤心史。你不能控制地重回那些场景——难以接受且不公平，很可怕。

你的思绪像旋转的车轮，你越陷越深，沉了下去。看，你脑海里这么多过去的影像，你的思维一直很活跃。你试图积极地在脑海里想明白一些事情，反复地判断，挣扎，反复地询问——为了找到答案和公正。你尝试停止思绪，但你失败了。这些噩梦一样的樊笼每天禁锢着你。无论何时开始陷入回忆，你都会迷失其中，仿佛忘掉了自我。还有一种解决办法，叫作正念认知。如果当我们回忆过去的时候，我们只不过是回忆，我们并没有控制什么，也做不出判断。我们回忆他们，却无法解决。

给自己一点时间，让我们重归宁静。留意你的呼吸，让自己心无旁骛。此刻你能或不能完全做到——把注意力从呼吸转移到别的想法上。请慢慢地将注意力转移回来，并试着不要控制它，仅仅是呼吸：吸气，呼气。留意自己的呼吸，持续 10 分钟。它不是任务，仅仅是心无旁骛地呼吸，使自己的注意力慢慢地回到呼吸上，平静、缓慢地呼吸。此刻，你已经不再挣扎，而只是意识到此时此刻。当你意识到自己开始回想的时候，远离你的思绪，走出樊笼，不要再想它们，然后通过呼吸练习正念。继续平静缓慢地呼吸，别再想过去的是是非非，任它去吧，回到你的呼吸上来。你的思绪会试图侵扰你有意识的呼吸。慢慢地，放开你的思绪吧，回到呼吸上来，回到此时此刻。也许在某一刻，思绪会再次入侵，那就再一次回归到呼吸。就这样，循环往复。当你摆脱思绪，走出樊笼，“现在”

就在眼前。它也会成为过去，每一刻都是新的“现在”，来来去去，交替更迭。

当你陷入沉思的时候，一些消极的想法会进入你的脑海。不管这些想法是关于过去的，还是关于现在的，你都必须注意它们。“乔怎么可以那样对我？”或者“李到底把我当成什么了！”这样的想法令你无暇顾及别的事情，你想着要把现在的一切放一放，解决脑子里正在困惑你的问题，并且觉得这都是应该的。你提醒自己如果不完成这件事，接下来一切都做不成了。但是假设这个时候突然灵光一闪有一个念头闯入脑海，将会怎样呢？如果接受了它，就像你看到窗外的树木，马路上的行人一样自然。仅仅是感知它，既不赶走这个它，也不对抗它，将会出现什么情况呢？但是如果你忙于生活，忙于为过去和现在焦虑，那么你根本无法摆脱以前的想法。所以你对待那些美好的信息的态度是“我看到你了，但是我在忙于我的生活”。

这其实是生活对我们的一点小提醒、小启示。当你看到映入眼帘那些美好的东西，你就要明白，“哦，是生活提醒我应该去参加朋友的派对了。”或者“我应该和孩子们去郊外散散心了。”这样做的时候，消极想法就会停止对情绪的“进攻”，恢复到轻松愉快的心境，这样才能继续生活。与此同时，给消极的想法留出一点空间，我们本身也过上了真正意义上的现在的生活。

多少年来，我们似乎都坚信能从痛苦中学到一些东西，从而避免以后再面临类似的痛苦。这个信念让我们不停地在脑海里过滤种种痛苦的过往，而不去思考现在正在失去什么。在前文中，我已经提出了很多方法来帮你打破反复思虑这种循环。比如，你可以设置一个时间限制，这样就不会一整天地都沉迷于苦思冥想了。你还可以考虑任何一种解决问题的行之有效的方法，如果一个问题解决不了，那么去想想你能解决的其他问题以及你可以采取有效的行动。你可以用有意识地呼吸这种练习来转移你的注意力，使你不再注意不断被侵扰的想法，而是转而去注意你目前的呼吸。你甚至还可以打开思维的大门，源源不断地接受闯入脑海的想法，而不是与其斗争或者顺从于它。

改变反复思虑的做法，是挑战自我挫败过程的关键。自我挫败会加剧你的抑郁症。别再冥思苦想了，把注意力转移到正在发生的事情上，转移到行动上，转移到接受所发生的事情上吧，学会对其放手。活在当下，放弃过去。采取行动，追求真实的、当下的在你能力所及范围之内的目标。

挑战反复思虑的做法：

·你是不是有反复思虑的倾向——脑海中一遍又一遍地重复消极负面的想法？

·反复思虑对你有什么意义？从思虑中你想得到什么？

·反复思虑有什么弊端？你有没有注意到它让你焦虑或者懊悔？

·要意识到你能容忍不确定性，能接受矛盾情绪——包括你自己的和他人的。

·反复思虑是想弄明白过去——但是为什么非得弄明白过去呢？如果你接受现实本来的样子，你是不是会过得更好呢？

·反复思虑能解决你的问题吗？现实生活中有没有其他问题你可以解决？

·如果不能停止反复思虑，你可以限制思虑的时间。腾出5分钟时间作为“思考时间”。

·把你反复思虑的事情记下来，看看这些事情是如何一遍又一遍地重复出现的。

·你的思维一次只能停留在一个地方。将注意力从思考过去转移至别的事情上。

·问问自己，当我反复思虑时，生活中失去了什么？

·进行正念练习，置身于思想之外，当一些想法出现或消失时，进行观察。

·当脑海中有某种想法闯入时，别跟它抗争，但也别追随它。接受它的存在，继续自己的生活。

幽默能够让负面情绪远离你

幽默给我们的生活增添乐趣，它是一种特殊的情绪表现。幽默是人们适应环境的一种工具，更是人类面临困境时减轻精神和心理压力的方法之一。俄国文学家契诃夫说过：不懂得开玩笑的人，是没有希望的人。事实上，幽默感是人们最好的情绪防弹衣，是永不生锈的情绪发动机，也是生活料理的最佳调味品。拥有良好幽默能力的人，就有办法彻底发挥情绪的效能，从而提高工作效率。

幽默能够为人类精神生活提供真正的养料，让精神的土壤更加肥沃。幽默可以淡化人的消极情绪，消除沮丧和痛苦。具有幽默感的人，生活充满情趣，不会觉得生活乏味、没有意思。用幽默对烦恼与矛盾进行处理，会使你在与人相处时感到和谐愉快，融洽友好。

总而言之，幽默是一项内力深厚的功夫，它能够有效地调节人们的情绪，使人们的情操得以陶冶。幽默的作用主要表现为以下几点。

(1) 化解冲突。幽默感能帮助我们发掘到任何情况中的喜剧元素。从而我们可以用嬉笑代替怒骂，化解对峙时的紧张情绪。

(2) 缓解压力，度过低潮。幽默感需要的是一种嬉戏的心理架构，它让我们能在任何挫折中发现勇气、看到希望。而这其中的秘诀，就在于跳出自己的角色，用第三者的旁观眼光来看待自己的处境。

(3) 帮助学习、提供创意。心理学研究发现，富于幽默感而时常发笑的人在学习时，效率特别高，而且解决问题的创意也非常灵活丰富。脑筋不打结，思绪也就插上翅膀了。

另外，幽默的笑声对我们的身心健康也有极大的助益，它舒缓我们的神经系统，提高免疫力，减缓压力进而减少不良激素分泌，并让气色看起来更好。

那么我们该如何提高自己的幽默感呢？

培养自己敏锐的洞察力，提高对事物的观察辨别能力，培养机智、敏捷的思维，是提高幽默感的一个重要方面。只有迅速地捕捉事物的本质，以恰当的比喻、诙谐的语言来表述或思考，才能使人们产生轻松的感觉。

领略幽默的真正含义，机敏地指出别人的缺点或优点，并在微笑中加以肯定或否定。值得说明的一点是，幽默不是油腔滑调，也并非嘲笑或讽刺。正如一位名人所说，浮躁难以幽默，装腔作势难以幽默，钻牛角尖难以幽默，捉襟见肘难以幽默，迟钝笨拙难以幽默，只有从容、平等待人、超脱、游刃有余、聪明透彻才能领略真正的幽默。

为自己培养起幽默感，让自己胸怀更加宽广，更能容纳身边不同的声音。下面这些方法值得尝试。

（1）自嘲。自嘲是一种生活的艺术，既能让你调剂生活又能让你调整自己。它不但能给人增添快乐、减少烦恼，还能使人更清楚地认识真实的自己，战胜自卑的心态，应付环境中的众说纷纭带来的压力，摆脱心中种种失落感和不平衡，从而获得精神上的满足。

自嘲同时也是一种豁达的人生态度。它会使你即使身陷囹圄也能看到希望，而不是整天悲悲戚戚、愁眉苦脸，而不是小肚鸡肠，过于较真。其宝贵的思维模式是“大不了就……”经常自我嘲笑，杜绝“老子天下第一”这样的自我看法，减少自高自大和逞能好胜的心态，这就是豁达。豁达往往意味着超脱，但又不是一种虚无。所以它是一种积极的因素，能体现出人性最美好的一面。

(2) 做些“蠢事”。所谓大智若愚，不如让自己每天做几件看起来有点愚蠢的事。从不同寻常的角度去重新看待一下周围熟悉的人和物，然后做点出乎自己和别人意料的事情。

比如穿得搞笑一点，梳一个奇怪的发型，等等。这样做了以后你会发现，当你打破常规时，并没有可怕的事情出现。甚至有的事情会比原来的更好。这样做还可以培养一个人的冒险精神，让人变得更加勇敢。

(3) 尝试“荒谬取向”的思维方式。假如你在很多人面前演讲，却因为怯场而陷入极度的焦虑与不安之中，你可以通过有意识地集中注意力，幽默地夸大自己内心的害怕来克服这种失败的恐惧。

(4) 创造睿智、有趣的表达方式。创造自己的个性独特的、有趣的表达方式，这样可以使自己的性情变得柔韧灵活，能更好地解释和评价现实情况，应对各种危机。

幽默也是一种智慧的表现，是一种才华，它必须建立在丰富的知识的基础上。丰富的知识是人们创造有趣的表达方式的必要条件。一个人只有同时拥有审时度势的能力和广博的知识，才能做到谈资丰富、妙语连珠，从而迅速作出恰当的比喻。因此，要培养幽默感必须让自己涉猎广泛，这样才能不断从浩如烟海的书籍中收集各种幽默的浪花，从名人趣事的精华中撷取幽默的宝石。

第三步 如何唤醒沉睡的潜意识

○绝大部分人没有必要分析经历过往，便可通过心理控制法来完成一些改变。

○痛苦和成就是激励人们奋发努力的有效因素，他们能够最迅速、最轻易、最果断地控制人们的行动。

○思维是在潜意识中发挥作用的，我们不能确定它是不是在运作，无法知道它形成的原因。但是，我们的任务和工作是对当前环境产生的自动反应，我们必须相信这些反应能完成任务和工作。

如何改变你的潜意识

也许你们会说，我的理论（把天赋的理想作为改变消极想法的一种方法）简单浅显，甚至会很失望。还会有人觉得这样的想法，太过天真，非常不科学。但是大量事实表明，它很实在，而且很有用。因为它是建立在理性科学研究基础之上的。似乎大家更愿意接受一种看似理性、合理的想法：积极的思维对潜意识不会有改变，因为消极的想法、感觉或者行为是源自“潜意识”。

但是你要知道，你的潜意识是一个“自动机制”，它完全不带个人色彩，它是实实在在存在于你内心深处的，却不受你自身意愿的影响。当你想在特定的环境中给自己提供恰当的反应，然后提供行动素材或者想法，它仅仅对你的素材和想法起作用。要知道，控制潜意识的是你的意识思维。只有通过它，潜意识才能形成你的反应，尽管它可能并不合理、不积极。这一切印证了一个事实：只有通过有意识的理性思维，潜意识才能改变。

人们似乎普遍认为，心理治疗像电影电视中一样，心理专家引导病人追忆童年，挖掘他内心深处的一些根源和成因，像是探索一个未知的过去，而且似乎这种心理治疗要进行很多次。

有的朋友向我倾诉，他有很多问题需要咨询，很多行为想要改变，但是不得不每周去拜访心理学专家，这让他非常苦恼。整个过程都是在追忆和挖掘童年时代的过往。虽然这也许是“合理”的，但是想要获得改变，真的只有这一个办法吗？况且这种疗法也并不一定能够治愈他。经过这种治疗方案，他可能仍然得不到他所想要的结果，可见无休止的追忆童年并不能起到太大的作用。我们不妨运用眼下与想象一致的理性思维，去改变自我意象。不妨看看我列出的公式：

$$\frac{\text{你（自己人生经历的创造者）}}{\text{理性思维下的思维决定 + 想象力将目标传递给自我意象}} = \text{传达行动指令}$$

打个比方，我们的控制系统是制导导弹，我们用有意识的理性思维，去选择当前的目标，然后填上你的想象力，形成一个容易被自己接受的方式，把你的目标告诉自我意象。

说个生活中的事例，每一个家庭中都有一个挑食的孩子。小约翰从来不吃培根，但是他的爸爸妈妈却喜欢得不得了，恨不得每一顿都有培根。妈妈经常想让小约翰尝尝“美味的”培根，但是小约翰从来不肯吃上一口。有一天在餐桌上，妈妈又开始劝导小约翰尝尝培根。小约翰皱着眉头为了让妈妈“停止唠叨”，决定尝一尝“该死的培根”。小约翰满脸愁容地咬了第一口，接着第二口，他并没有停下来。慢慢地，他的眉头似乎展开了，在吃完了碟子中所有的培根后他竟然说：“想不到，培根还挺好吃的。”一周后，小约翰竟然主动跟妈妈说，想吃培根！

细想起来，可能小约翰有很多不喜欢培根的原因，他的爸爸妈妈，甚至他自己都不一定知道。他们从未透露过，我们也无从探究，因为根本不需要。是的，不需要努力追忆童年过往，不需要把从前的各种体验告诉任何人，更不需要偷偷揣摩大人们的谈话，来试图改变自己的想法。其实一些心理上的障碍或者问题，并不会比讨厌吃培根复杂到哪儿去。但是两者给你带来的影响是不可比拟的——谁不想获得完美、良好的生活体验呢？

也许很多人，甚至本学科的专家会认为这不合理、不正确。但是事实表明，绝大部分人没有必要分析经历过往，便可通过心理控制法来完成一些改变。

你相信什么，你就是什么

如果催眠一个热情、积极的人，让他以为他是一个消极、冷漠的胆小鬼，他的反应模式会立即发生变化。同理，我们催眠一个害羞、怯懦的人，让他相信自己是自信、大胆的演讲家，他的反应模式也会立即发生改变。因此我们可以说，你此刻相信自己能做到什么，你自己就能够做到。只要把注意力集中在积极的目标上，不要考虑过往的挫折和失败。心理学家迈尔斯说，催眠主题展现出来的才华和能力，应该归功于在催眠状态下，对过去失败经历的“记忆清洗”。那么我们不妨这样想，如果人在催眠状态下能做到“记忆清洗”，而且催眠对象仅仅是因为放不下过去的挫折和失败，从而抑制了他表达和展现才能的机会。何不尝试让一个人在清醒的状态下，通过无视过往的挫折，从而获得一些本来就应该存在的力量呢？当然，前提是这些才能是确确实实存在的。并且怀着真诚的心，相信你确实有这种才能方可实现。

前面我们提到了很多心理控制方法，经过反复练习，我们不难实现“凭借自身想象而获得成功”，这个目标就像你坚信梦想一定会实现一样。

贝特朗·罗素曾经说，他的年少时期，始终处在自杀的边缘。他厌倦和憎恨生活，但是自杀的念头却被学习的愿望终止。后来他变得享受生活，甚至开始热爱生活。像个受过清教徒教育的人一样，反省自己，把自己看成一个可怜人，更多地关注外界事物而不是自身的缺点，此时才发现生活是美好的。

当你为过去的某件事感到羞愧时，你应该试着理智地告诉自己，这件事其实并不坏，并尝试着分析你感到羞愧的原因，你或许会明白这种羞愧其实是空穴来风，完全没有必要。因此，运用一些方法来克服或者改正自己潜意识里消极的自我暗示，都是完全可行的。我们不得不承认，一些强烈、生动的意识信念，能给我们的潜意识造成极大的影响。它甚至比童年印记影响范围更大。所以我们不能仅仅满足于理性与非理性的相互替换。仔细观察你不理性的那一面，并且坚定信念不再注意它，摆脱它对你的控制。无论何时何地，只要它将一些幼稚或者愚蠢的想法引导到你的行为当中，都要对它斩草除根。然后想办法把它们彻底忘记，不要受它们的影响，把自己变成一个优柔寡断的胆小鬼。时刻保持理智，才不会被理智和非理智交替控制。

换句话说，如果你脑内一个声音引导你成功、获得幸福，或者让你实现一直以来的生活愿景，那么你就应该深入思考并且研究你脑内这个声音。很多人认为只要忘却（或者根本没有完全忘却，只是暂时）童年一些幼稚善感的想法，例如某些原因可笑的盲目崇拜后，总觉得非理性思维已经彻底完结，没有必要再为之做什么努力。但是这些有意识的遗忘，很有可能深藏在你的潜意识里面，并且你自己都不一定知道。当一个恰当合理的想法出现，我们应该深入了解它，研究它，从而查明这个新的想法有没有受到一些非理性潜意识的影响。

所以我建议，一个人应该有意识地牢记自己在理智状态下的情绪、信仰或者想法。努力地杜绝非理性信念控制自身的行为。换句话说，我们经不住诱惑的时候，要努力说服自己回到理性。尽管这种理性可能存在的时间非常短暂，这需要我们经常练习。

巧妙运用心理控制技巧

有两个非常重要的因素可以用于改变信念和观念，那就是，某种感觉和信念（比如“我能做好它”）和另一种不应该被某种事物或者人侮辱的信念。每个人在内心深处都深深地了解这一点。用神经语言设计理论，我们为这两个观念提供了新的解释：痛苦和成就。痛苦和成就是激励人们奋发努力的有效因素，他们能够最迅速、最轻易、最果断地控制人们的行动。知道了这一点，你就能运用他们激励自己采取积极有效的行动。杰夫·保罗是心理控制基金会董事会成员，他也是这种心理治疗方法的受益者。他曾是一位颇为成功的财务规划师。但是这项工作的成功并没有给他带来快乐。他不喜欢这份工作的枯燥无味、一成不变。但是有一天，理性的思维突然闪现，他明白没有必要为了谋生去做自己不喜欢，让自己不快乐的事。显然他想对了。

于是，杰夫开始思考真正适合自己的职业和事业。他罗列了本来的职业带给他的种种不快，包括“每天按时按点坐公交车”、“每天需要穿西装打领带”等，然后在脑海中比较各种职业的优点缺点。经过慎重考虑，他决定从事邮购业务。工作过程中，他发现自己以前的工作经验，依然能用到现在的工作中。他想把这些信息和经验以图书手册的方式告诉大家。此时我们不难发现，他的自我意象是积极的、能动的，“通过集中精力，包括积极利用以前工作的经验，成功地完成了这项业务。尽管早期的尝试并没有成功，但是他拥有了积极理性的自我意象，不难猜测，最终他获得了令人瞩目的成就。”

这是一个典型的运用心理控制技巧，获得成功的案例。当然我们人人都可以。

让信念重生

理性思维的力量能够起到非凡的作用，但是我们却没有发现，原因就在于，我们很少运用它。

那么现在我们来对当前所处环境和潜伏在内心深处与他人有关的一些消极信念追根溯源。回想一下，有时候成功触手可及，但是会发生一些什么事可能让你与之失之交臂？此时你应该了解到，你内心深处在提醒自己不会获得成功，或者不应该成功。那么你与其他人在一起时是否感觉局促不安、紧张惶恐？这可能是因为你认为自己低人一等，或者潜意识认为对方不热情、不友好。但是，当你回到相对安全平静的环境，你还会莫名地局促不安、紧张惶恐吗？我相信很多人都希望自己获得杰夫那样完美的终生事业，也许还会征求别人的答案。但是即使别人给出了积极的响应，人们还是会为自己找出很多的理由，告诫自己不可能做到像杰夫那样成功。事实上这些理由不是出自你的理性思维，它只是想法，或者说信念，能够轻易动摇的非理性思维的信念而已。前面我说过，行为和情感都受信念控制。想形成或者根除某种情感或者行为，需要了解和找到信念形成的原因。在希望达成某个目标的时候，你在内心深处告诉自己做不到，却从未想过个中缘由。为什么？我们需要先确定一个事实，那就是，这种信念是建立在确切的现实上，还是基于某种假设，而且这种假设根本就是错误的呢？

那么我们接着来想 4 个问题：

(1) 这种想法是基于什么原因产生的，它合理吗？

(2) 如果保持这个信念不变，会不会失败？

(3) 在这样的环境下，如果换作他人，他们会不会像我一样有相同的想法？

(4) 如果并没有切实的理由证明它是真的，为什么我会坚信它是事实？

仔细考虑上面的问题，虔诚地、平静地思考它们，此时你会发现自己根本是在自欺欺人，是在低估自己。这种想法根本不是基于事实，而是某一个时间、环境给你带来的某种负面情绪的反应。你也许会因此而愤怒，别怕，伙计，怒火释放之后，平静下来，也许你会更深刻、更清醒地了解自己。

突然想一件有趣的事，我的邻居告诉我他戒烟的那天，竟然仅仅因为发现自己把烟落在了家里，而要走上三英里回家拿自己习惯的烟。他在取烟的路上，突然意识到自己非常丢脸，甚至非常愤怒，因为他被抽烟这个坏习惯掌握着。于是，他调头就走，从此戒了烟。沃尔特·迪斯尼说，他曾经提出了非常棒的建议，但是公园里所有的工作人员却非常不赞同，甚至因此贬低、笑话他。他因此变得非常愤怒。也正是因为这股怒火，他竟然实现了迪士尼乐园的计划。也就是在他愤怒的时候，他痛下决心，要把想法付诸实践。

但是要想让理性思维有效地改变和控制信念和行动，就必须在内心深处有这种强烈的愿望：我要改变自己。闭上眼，想象你现在成了你一直想成为的那种人，或者你拥有了你一直想拥有的东西。记住你内心深处对它们强烈的希望。并且努力地观察分析它们。你会发现，你现在的消极信念是通过当前的情绪形成的。如果有了能与之抗衡的强大信念，你的思想和想法就会发生改变。只要它合适，你的消极信念会全部变成积极的。

一旦你的希望深深植入脑内，那么你会发现你现在脑内运行的过程会经常出现。当然此时你会有一些忧虑，但是这并不是消极的。此时的忧虑会把你的消极转化为积极的理想。像这样，你忧虑时，闭上眼睛努力想象你害怕或者不想得到的后果，你忍不住开始仔细观察思考它，并且仿佛自己置身其中，一切都好像是真的。这种反复对可能出现的后果进行想象和思索，会让现实结果变得越来越接近它。一段时间之后，你会产生一些与之相应的情绪，这和你对这个目标的情感是一致的。同理，我们把目标描绘得更加美好，在脑内不断播放你想要的结果，并且加深对它的渴望。这样你会发现这种美好的可能会变得越来越真实。那么你的情绪依然会与之对应，变得乐观、积极和热情。

放轻松点，别让有害思维控制你

阿兰·夏皮罗博士曾细数过面对挑战时的6种有害思维，前4条非常具有代表性。

(1) 对挑战的恐惧，也就是对挑战中预期的问题焦虑，在实现它的时候会显得紧张恐惧。

(2) 失态，面对错误时，丧失继续做下去的勇气。

(3) 情绪反差，在挑战中获得一次成功体验后，如果之后稍有不慎，有了一点哪怕是微不足道的纰漏，情绪突然失控，大喜大悲。

(4) 担心犯错了之后别人的评价，对他人的言行过于敏感，觉得自己备受关注，压力陡增。

这 4 种有害思维是十分可怕的，它能阻止你的正面思维。第三种是对环境的过度反应，其实当一切都成为过去，你会发现这些反应根本不值得，事情并没有你想象得那么糟糕。然而活在这种忧虑中的人，无一例外都有可能罹患狂郁症。这样的人，他们一生至少有一段时间会处在毫无来由的痛苦中，他们会慢慢发现自己没有自控能力，有意识地避免与别人交往。这种有害的思维，几乎涵盖了全部思维。说一个经典的案例，一个孩子打了一下午棒球之后，回家闷闷不乐，他的妈妈安慰他，亲爱的，那只是一场游戏。这孩子生气地反驳，你根本不知道它对我来说意味的是什么！没错，那不过就是一场游戏，今天的棒球仅仅是今天的棒球。错误也仅仅是一个错误而已，为什么不试着用理性的眼光来长远地看待它呢？然而，在这个案例中理性思维中的意志力是个失败的命题，应该将理性思维有意识地形成全新的自我意象，告诉自己很棒、没问题，才能培养恰当、良好的思维。

理性思维会帮助你建立合乎逻辑的正确想法。如果你仅仅因为失败过一次而怀疑自己，显然这种想法既不合理，也不合逻辑。在没有实施、尝试的情况下，认为自己做不到，是非常幼稚的。我想起来一个非常有趣的小伙子，我问他，你会开车吗？他回答我不知道。很好，我在心里暗暗地称赞他。他接着说，我没有试过，所以不知道自己会不会。

许多人一生中可能都不会像这位小伙子一样坦然和勇敢，他们更愿意相信环境无法改变、问题无法解决。甚至认为，别人能够轻松获得的成就，他们永远不会得到。显然他们对潜伏在思维里的消极想法束手无策，他们的理性思维就像一只气球，一戳就破。

有意识地选择引导理性思维

认清楚自己的目标，说起来简单，但是难免在这个过程中，人们会将注意力集中在不想要什么上。我们不得不承认这是思维的工作之一，但是它对你的帮助不大。明白自己想要的目标，却将注意力集中在不想要的东西上，显然这是错误的。如果一个在征战沙场的军人每天想着被俘虏了怎么办，他还会奋力打仗吗？他也许会选择躲在战友身后，但是这样的结果依然是战败被俘。

那么，我们仔细想想脑海里想的东西。多数人不会对那些一眼扫过的事物记忆犹新。电视、广告、报纸、谈话，或者是一点批评之词都能植入他们心底从而控制他们。如果你像你的思维这么有耐心，不如拿一个记事本，将突然想起的每一个想法记录下来，一天过后你会发现，这些内容是多么的微不足道。那么你会愿意做一个夏日在家无所事事，空调坏了懒得叫人来修，宁愿忍受高温的懒鬼吗？

有意识地观察思维，仔细看你现在做的事情，周遭发生的事，这样能够清楚地知道你的思维是由什么原因形成，并最终控制你的行动的。

但是你现在的任务或者工作，并不是你的理性思维赋予你的任务。如果忘了执行它们时必须使用有意识思维，我们会陷入困境。我们无法用自身的理性思维，来控制理性思维以外的行动。屡屡尝试，却遭遇失败，我们不免为之担忧、焦虑、沮丧。思维是在潜意识中发挥作用的，我们不能确定它是不是在运作，无法知道它形成的原因。但是，我们的任务和工作是对当前环境产生的自动反应，我们必须相信这些反应能完成任务和工作。只有这样，我们才能说服自己，控制理性思维，才能创造奇迹。换句话说，只要我们有意识地选择目标，并筛选脑内积极、恰当的信息，让行动跟着它们走，事情就会迎刃而解。

开启正能量接收天线 | 第四步

〇当你把虚构的目标当作真实的目标去实施，一旦目标没有达成，心理上的挫败感会陡然增长。

〇从某种程度上讲，我们每个人都处在催眠之中。

〇自卑感和优越感是同时存在的，对立而又统一，想要治愈自卑，就要明白自卑和优越这两种感觉的矛盾本身是人自己造出来的。你只需明白——“你天生不比谁差，也不高人一等，你不过就是你自己。”

不要被不良想法催眠了

许多人把虚构的目标甚至幻想当作真实的事情，这是不正确的。我曾多次告诫他们，“虚构的目标”是肤浅的，有时会不切实际。当你把虚构的目标当作真实的目标去实施，一旦目标没有达成，心理上的挫败感会陡然增长。

“信以为真”式的假象练习是心理控制的一种方法，但它并不是一味地虚构和捏造，而是对被隐藏的事实进行探索。它通过创造一个你认为成立的“事实”，去带你找到“真我”。这种所谓的“事实”可能一时成立，但不会一直成立。

我的朋友阿尔弗雷德医生小时候的故事告诉我们信念的力

量对于行动的影响有多么巨大。阿尔弗雷德小时候数学成绩很差，以至于老师都对他失去了信心。当老师把他对数学一窍不通的“事实”通报给他的父母并告知他们不要对孩子期望太高时，父母也相信了。阿尔弗雷德一次又一次用数学成绩给父母和老师证明了这一“事实”。然而有一天，老师在黑板上写了一个问题，全班的同学都答不出来，但阿尔弗雷德却灵光一现，举起了手。老师和同学以为他在开玩笑，没有理会，反而嘲笑他。但他却愤愤不平，径直走向黑板，写出了答案——这让老师和在座的同学都大吃一惊。从此，阿尔弗雷德意识到自己可以学好数学，对自己重拾信心。后来他的数学成绩果然突飞猛进。

阿尔弗雷德是被一种错误的观念自我催眠了。其实，催眠的力量就是信念的力量。对于我们来说，只要记住，你获得想法的途径、想法的来源，都并不重要。你可能从没被专业的催眠师催眠过，但是你肯定接受过某些想法（这些想法可能来自于自己、老师、同事、广告、父母等任何渠道）；如果你能确信这些想法是真实的，那么，它们给予你的力量跟催眠师对你催眠的力量一样强大。现代科学研究表明，像阿尔弗雷德医生那样的经历并不罕见，在很多学习成绩暂时不理想的孩子身上，都有可能发生这样的事情。学生的成绩差从某些方面讲都来自于学生对自己的感知和定义。他们都被“我真笨”、“我是差生”、“我学不好英语”、“我记忆力差劲”之类的不良想法催眠了。带着这样的自我定义，学生为了证明这样的想法没有错，就只能成绩差了。学习不好在无意之间成为了一个信念问题。在那些“差生”看来，学习成绩不好是应该的，成绩好反倒成了错误的。这种催眠一开始不是来自于孩子自身，而是来自于老师、家长这样的较为权威的渠道的反复灌输。这会对孩子的成长造成严重的负面影响。要想消除这些毒害、灌输新的信念，也要遵循三个条件，即来源应当是权威渠道、反复多次灌输、在很多人面前鼓励孩子。这样才能让孩子在另一次强烈的反应和情绪波动中重新认识自己、找到自信、质疑和拷问之前的信念，从而重获自由。

受催眠的人

在著名的《成功推销的秘诀》一书中，作者讲述了销售大师惠勒采用催眠师的理论让一个年轻推销员业绩大幅增长的故事。

惠勒在一家公司担任销售顾问时，面临着的问题是：很多推销员不管公司安排销售的是什么产品，不管酬金有多高，都只是想方设法保住自己5000美元的年薪，不求上进。

有一个推销员在小商品销售领域业绩不错，所以公司分配了一种市场更大、前景更好的产品让他去销售。但第二年他拿到的酬金跟前一年销售小商品时的酬金一样，还是5000美元。在接下来的一年里，公司给所有的推销员加了薪，唯独他依旧只能挣到5000美元。于是，公司为了试探他，让他去销售一种很难推广的商品，结果是年底他仍是挣到了5000美元。

惠勒在与这名推销员畅谈一番后发现，问题并没有出在他的销售领域，而在于他的自我评价——他认为自己每年只能挣到5000美元，而且有5000美元就够了。怀着这样的信念，无论外界条件如何变化，都对他不起作用。

当被分配到较难推广的销售领域时，他必须拼命工作才能挣到5000美元；当分配他到容易推销的领域时，只要有把握挣到5000美元，他就不再去努力。有一年他刚刚达成他5000美元的目标，就开始佯装生病，消极怠工。

显然，从年薪5000美元这个数字可以看出，这是个很久很久以前的故事。我在多年前的书中曾经介绍过这个故事。在这些年陆陆续续的读者来信中，有很多销售经理都告诉我在他们公司也有着相同状况的推销员。可见在推销的领域，这个问题是一直存在的。但我相信，一旦给那些消极怠工的推销员一个更高的目标，他们就会去追求新的目标，发愤图强。

我们都在催眠别人或被催眠

从某种程度上讲，我们每个人都处在催眠之中。催眠我们的，可能是从别人那里不加鉴别就接受了的观点，也可能是我们反复向自己灌输、自己说服自己的想法。一些消极想法对我们的行为的影响程度，丝毫不亚于专业催眠师的催眠。你见过真实的催眠情景吗？催眠师告诉某个强壮的运动员，说他的手被黏在桌子上，根本抬不起来。这个运动员就果真做不到把手拿起来了。他心情紧张，肌肉绷紧，努力地想抬起，但手就像长在了桌子上一样，一动不动。催眠师告诉某位举重冠军，说他无法拿起桌上的水杯。尽管此人在正常情况下能举起几百公斤重的杠铃，但现在他却真的拿不动水杯了。

令人不解的是，在这两个事例中，催眠并没有使运动员强健的体魄削弱，而恰恰是因为运动员无法有意识地认识到这一点，所以导致他们自己跟自己作对。一方面他们绷紧肌肉用尽全力去做动作；另一方面，“我做不到”的想法却使他们的肌肉在反向用力和收缩。最终消极的想法使他们打败了强壮的自己。

当催眠师为他们解开精神枷锁，使他们意识到自己的真正实力时，消极的催眠就被破除了，他们就会恢复原有的状态。当你在被催眠的时候，或许会以为是催眠师具有某种魔力。但是，事实并非如此。事实上，在遇到催眠师之前，做成这些事的力量和能力基本已经被催眠者掌握了，只是被催眠者由于不知道自己具有这样的能力，从而无法运用罢了——他们脑子里的消极因素将那些能力封闭起来。催眠师只是起了引导的作用。与其说催眠师催眠了他们，不如说是催眠师解除了他们的自我催眠。

你的身上一定具有某种力量是你未察觉到的，这种力量可以让你做到为了得到幸福和成功所要做的一切。此时此刻，这种你从没想到过的力量正存在于你的体内。所以，赶紧跟“我的人生没什么价值”、“我完成不了那些”等的自我催眠式的想法做个了断吧！

悲观情绪：总感觉自己比别人差一截

绝大多数人都有着或多或少的悲观情绪，悲观情绪影响了他们的生活、阻碍了他们获得成功和幸福。这世界上每个人都有某些方面不如别人，我们要明白，我不能试图跟一个专业足球运动员比足球技术，当然他肯定也有不如你的地方。这样的例子非常显而易见，即使我作为一个美食家出现在大众面前，我知道某些人烹饪技艺可能比我更胜一筹，只是他没有显露出来而已。原因大概就是他自卑。我深知这种情况，但是这并不会让我自卑，影响我的生活。因为我不会傻到拿自己跟他们比，不会因为某一领域我不如他人，就给自己下失败者的定义。从农民到政界要员，我知道他们每个人都有比我强的一方面，但是我知道他们不会像我一样写出这本书。当然他们也不会这样跟我比较。明白了吗？

自卑不仅仅来源于事实和经历，它更多地来源于我们对事实所下的结论和判断。比如，我没有园艺师嫁接花果的精湛技艺，但是这并不表明我低人一等。园艺师们也不会像我一样研究心理学，他们也丝毫不会因此觉得低我一等。这一切完全取决于我们采取什么样的标准，或者说采取谁的标准来衡量自己。

究竟是什么让自卑情绪影响我们的生活呢？并不是因为我们技不如人，而是我们对自卑感的认识。自卑的产生，只有一种：我们自己判断自己。我们不以自身的标准或普遍的标准衡量自己，而是拿别人的标准来对号入座。如此一来，我们在任何情况下都无一例外地不如别人。这是源自自己内心认为自己应当达到别人的高度、标准。如果达不到，我们会告诉自己，我们没用、平庸，并且因此觉得痛苦、觉得自己出了问题。这种想法无疑是荒谬的。

自卑情绪常常会使我们认为自己没有能力，或者不值得拥有成功和幸福，并因此无法完全施展自己的能力和才华。之所以会这样，是因为我们自己给自己灌输了完全荒谬的想法，并深信它、被它催眠。比如“我应该像某某人那样”“我必须超过某某人”等。仔细想想，世界上的人都来源于不同的背景、地区、信仰，每个人都应当有自己的标准。这世界上根本不存在完全一样的人。

乐观情绪：每个人都是一块金子

有一句广告词是“我想要成为迈克尔·乔丹那样的人”。事实上，能达到乔丹那种运动水平的年轻人是极少极少的，那除了需要严格的自律、敬业和永不言败的精神，还需要乔丹那样完全为篮球而生的体魄。如果这句广告只是为了推销运动产品，那倒也不坏；如果它能激励到一些年轻人和篮球爱好者，让他们奋发图强，那也不错；但是，对于一些人来说，这句广告的唯一作用就是为他们自己设定一个无法完成的目标——一旦买到的乔丹新鞋没有给他们带来如此巨大的魔力，他们就会非常失望。如果买鞋子的年轻人有着更成熟的思考，他们就不会受到那句广告词的负面催眠，他们会奋发图强，明白乔丹之所以能够站在篮球运动的巅峰，除了自己的身体素质优秀，更重要的是他的品质和行动。如果把这些品质和行动加诸自身，模仿并强化它们，我敢说甚至一个身体素质不如乔丹的青年，都可能在篮坛获得巨大的成就，甚至可以与乔丹比肩。

一个具有自卑心理的人，通常喜欢追求完美，从而错上加错。他心中总会有一个错误的前提，比如“我不如别人”之类。从这个错误的前提出发，他会由于低人一等而备感失落，从而不仅想要变得跟别人一样好，而且总期望超越别人。过于追求卓越的心态会让他更加痛苦和失落，让他丧失信心，变得神经衰弱。越是努力尝试，越容易失败，痛苦就越深。

自卑感和优越感是同时存在的，对立而又统一，想要治愈自卑，就要明白自卑和优越这两种感觉的矛盾本身是人自己造出来的。你只需明白——“你天生不比谁差，也不高人一等，你不过就是你自己。”

“你”是一个客观存在，不应当跟谁去比较，因为这个世界上没有任何人可以同你一样、跟你处于完全相同的水平线上。你是个单独的个体，是独一无二的。你不应该去像别人那样，也不要期望别人变得像你一样。

上帝没有创造一个标准的人，而是把每个人都打造成独一无二的个体，就像世界上没有两片相同的叶子。

上帝创造出各种各样的人——高矮胖瘦、不同肤色人种，他从未对任何样子的人有所青睐。林肯曾经说过：“上帝爱普通人，因为他创造了如此多的普通人。”我认为他说得不对。世界上没有“普通人”，对于人来说，所有人都一样，不存在“普通”这一标准。

自卑的情绪能导致越来越糟糕的表现，这可以通过心理学实验证明。设立一个“标准”或者“平均水平”，让实验对象达不到这个水平。我认识的一位心理学家曾经做过这样的实验，用来搞清楚自卑对于人的具体行动有什么样的影响。他让学生们参加一套测试，然后宣布，“普通人”只花了规定时间的五分之一就完成了测试。在测试进行时，铃声响了，“普通人”可以完成测试的时间到了。这时，一些最聪明的学生开始变得战战兢兢、心慌意乱、不知所措，认为自己很笨。

如果非要拿我的图书销量跟别的畅销书作家比，我肯定比不过J.K.罗琳或者史蒂夫·霍金。以此来衡量我作为一名作家的价值，那就太不公平了。

不要用别人的标准来衡量自己，你达不到也没有必要达到他们的标准。同样，别人也不会用你的标准来衡量他们自己。

如果用心理控制技巧来锻炼自己，你应当发现你的目标不应该是比别人更高一筹，你也不该觉得自己比别人差。你应当形成自己独立的人格和标准，取得独一无二的成就。

快乐是可以培养出来的 | 第五步

〇快乐是一种精神状态，在这种状态中，人的思想在一定的时间内享受着愉悦。

〇一位心理学家说过："快乐纯粹是内心的事，跟外物无关。快乐是观点，是想法，是态度。"

〇有时候不快乐不是失去了什么，而是你丧失了想得到它的信念。没有了积极的人生态度，还如何快乐得起来呢？

快乐地活着

当被问及人生的意义时，很多人的回答是“快乐地活着”。这样的回答通常会被认为是敷衍的回答，是一种对人生没有思考没有想法的借口。但事实上，的确有条通往快乐的捷径。

人们似乎更热衷于从哲学的角度谈快乐，现在我们试着从医学的角度而不是哲学的角度来讨论快乐的话题。快乐的医学定义是：快乐是一种精神状态，在这种状态中，人的思想在一定的时间内享受着愉悦。

快乐对于人的内心和人体本身都有着朴素的、天然的益处。当我们处于快乐之中，我们的思想更丰富、表现更出色、身体更健康、心态更良好。俄罗斯的心理和生理学家曾做过快乐与否对人行为的影响的实验，实验结果是：在处于快乐之中时，人的视觉、嗅觉、听觉、味觉、触觉都更加出色，内脏的工作状态和功能都会更加良好。传统的西方医学曾经拒绝承认良好的心理会促进疾病的痊愈，但事实证明那是错误的。我们经常可以从报纸上看到类似这样的事情：一个乐观的癌症患者比悲观的癌症患者能够存活更长的时间，一个乐观的癌症患者居然不医自愈，等等。

英语的“疾病”（disease）一词，正是由“不”、“快乐”两个词根构成的（dis-ease）。不快乐不是疾病的唯一根源，但快乐绝对是唯一药方。

快乐不是某种可以挣得的或者应得的东西。不快乐并不违法，也不是道德败坏，就好像太阳升起天就会亮一样自然。如果坐等快乐，直到脑子里浮现起快乐的事情，那么很可能同时也想起了不快乐的事情。一位哲学家曾说过，我们不应从压制欲望中得到快乐，应当因为欲望而快乐，从而压制欲望。

趁着年轻，享受快乐吧

很多人强迫自己不去追求快乐，认为主动寻找乐子是自私的。无私的确能得到快乐，比如一个成语，叫作“助人为乐”。是的，我们可以通过无私奉献来实现自身价值，并为自己的善良感到骄傲。这时的快乐是通过别人肯定自己给予的，是被动获得的。这样一来，从道德层面上，自己主动追求快乐就成了一件应当感到羞愧的事情。照这样的逻辑下去，便成了，我们越是委屈自己，越能得到快乐。这不是个悖论吗？难道说获得快乐的方式是变得不快乐？

一个朋友对我倾诉说：“我的同事在工作时显得可怜而沮

丧，所以每次我看到他工作时死气沉沉的样子，就想我自己把工作当成乐趣、享受工作的状态是不是有些过分。于是我努力地克制自己工作时的兴高采烈，以便不惹怒他们。”快乐不是通过补偿得来的。这位快乐的朋友没有消耗同事们失去的快乐。她的快乐不是不公平的，也不是自私的。即使压抑自己的快乐，也不能把自己的快乐自动分发给同事们，让他们也快乐起来。

我发现很多病人不快乐的原因在于他们按照“延期支付”的方式生活。他们没有活在当下，没有享受眼前的生活，而是不断地期盼未来的好生活会给他们带来快乐。从找个好工作到结婚生子，再到付清房子贷款，再到把孩子带大，每个任务必须很好地完成，他们才能快乐。但事实上，这些事情进行得并不尽如人意，所以他们总是失望，从不快乐。快乐是一种习惯、一种态度，如果不能趁现在学会快乐，就永远也不会快乐。不要把快乐安放在某个问题解决完之后。因为一个问题结束，另一个新问题又会出现，你根本来不及快乐。所以说，快乐应当趁现在。

一位心理学家说过：“快乐纯粹是内心的事，跟外物无关。快乐是观点，是想法，是态度。”

没有谁能一直保持百分百的快乐，除非傻子。但是，我们可以通过简单地思考和做决定来获得快乐。我们可以不顾鸡毛蒜皮的小事，多花些时间来想高兴的事。从根本上说，我们对无关紧要的事发脾气，因为日常琐事而烦恼不堪，多愁善感，都是出于习惯。同样地，我们完全也可以让快乐成为一种习惯。

本来与你无关的事，你却对号入座了。这也可能是你不快乐的原因之一。

摆脱外界事物对自己情绪的控制，武器就是自尊。电视节目里，主持人会操纵观众，他会发出信号，有的是“请鼓掌”，有的是“请欢呼”，观众总是配合着，对各种信号照做不误。

观众就像温顺的绵羊一样任其摆布。有时我们也会像电视节目里的现场观众一样，总用外界的事或者人来指示自己该有什么样的感受，这样让我们成了奴隶。

养成快乐的习惯，我们就会摆脱奴隶的身份，翻身做主人。快乐的习惯会使人摆脱外界的支配。

做自己想做的事最快乐

在我成功的道路上，我始终明白一个道理：很多“不可能”都只是人们的看法，而不是事实。我的一生中遇到过很多给予我深重打击的事情，这些都是事实。但我不断地提醒自己，别把这些当作灾难，不能因此就觉得“人活着真没意思”，这些都是主观看法而已。

在第一次将心理控制理论整编成书的时候，我是这样总结的：心理控制理论的实质，就是准确而冷静地、从而最终自动地将事实与假定、事实与看法、真实情况与放大的障碍分离开来，使我们的行动和反应牢固地建立在真相而不是自己或他人看法的基础之上。

正因为人是一种具有目标追求能力的动物，所以人在面对积极的目标并为之奋斗时，可以正常地发挥自己的才能。快乐正是人的正常表现，当人作为目标追求者而活着的时候，无论环境如何变化，他们都会觉得快乐。爱迪生曾经因为一次火灾把昂贵的实验室烧得一干二净。有人问他：“在这个世界上你还能做些什么?”他回答说：“我准备明早就重建实验室。”爱迪生始终保持着乐观的态度，向着目标不断进取的过程让他始终保持着良好的心态。

有时候不快乐不是失去了什么，而是你丧失了想得到它的信念。没有了积极的人生态度，还如何快乐得起来吗?

外表的丑美不会影响快乐

我曾经有位推销员患者名叫威廉姆斯，他在一次车祸中撞坏了鼻子，本来伤势不重，但被乡村庸医的手术搞得严重错位和变形。威廉姆斯在重新工作时，发现面部缺陷使他在新客户面前变得十分难堪，因此他的销售量急剧下降。几个月后，威廉姆斯终于找到我，对他的鼻子进行修复手术。手术十分顺利，他又回到了车祸前的模样。从此他找回了自信，销售业绩又上来了。威廉姆斯有着真实的外表缺陷，这并不是他臆想出来的。他也准确地估计了别人对他的反应以及自己所要面临的状况，于是他找到医生，对外表进行了重构。

我这里还有一个患者，推销员罗伯特先生。他的鼻子没受过伤，只是比正常人稍大，但完全不像他所说的“招人讨厌”。他觉得他的客户都在私底下嘲笑他，或者因为他的大鼻子而拒绝了他。他有个大鼻子，这是事实，有好几个顾客给他的公司打电话说他没有耐心、服务态度不好，这也是事实。所以我在得知了后面的事实之后，建议他先给思想做个手术。我向他介绍了用21天剔除脑中消极思想的方法，告诉他这会非常奏效。

我心里清楚，虽然罗伯特同意试试这个方法，但他并不太相信这样会出现奇迹。他还是寄希望于整形手术。一个人想检验心理控制理论是否真正奏效，并不一定非要事先相信它。21天过去后，罗伯特不但感觉良好，而且发现客户比以前和善多了，他的销售额也稳步提升，获得了老板的褒奖和赏识。

快乐需要付出代价吗

快乐的代价，就是你要牺牲你多疑的态度、愤世嫉俗的心理、不合时宜的习惯。这些东西对你没什么好处，顶多让你觉得是习惯而已。

《鲁滨逊漂流记》中，鲁滨逊因为船只失事被迫流落荒岛。探索过整个岛屿后，他发现将宿营地放在他上岸的地方是不正确的。相对于他当时选择的那个安营扎寨的地方，荒岛的另一边更加靠近食物也更加安全，能够更加简单地建立生活的场所，而且还有别的很多好处。作为一个流落荒岛的人，他很明白选择一个好的营地是非常重要的，尽管他清楚地懂得这些道理，但他却懒得实施。

我们不能任凭“懒得动”这个想法发展蔓延进而禁锢了我们的自我意象。当某种东西不适用时，我们就必须立刻尝试新的方法。当我们仔细观察和思考选择的时候，理性思维会帮助我们找出更好的选项。这时我们最好开始重新审视自己一开始的选择，并着手尝试新的方案。要知道，我们不是没有机会选择的树木，扎根在泥土里任凭雨打风吹，而是拥有理性思维的人。也许你会像鲁滨逊那样产生懒惰心态，不愿挪动自己的营地，但是你必须清楚，你现在着手做这一切，是完全可以的，并且是非常合理的。

快乐也是如此，我们可以选择更加容易获得快乐的方式，然后挪动眼下令你不快乐的根基。一位哲人曾经说，我直到50多岁，依然一事无成，我每天沉浸在忧郁和对自己的怀疑当中。那些本来可以使我迈向成功的著作，由于我的懒惰一直没有被发表。我的生活被忧郁和挫折填满。但是这并不是全部，最令我感到痛苦的事情就是头痛，我时常头痛得头晕目眩，甚至失去意识。这种剧烈的头痛每周至少会出现两次，每当这个时候，我什么都做不了。

美国著名的心理学家、哲学家戴维·詹姆斯博士曾经在他的著作里提到过怎样将注意力集中在有意义、积极向上的思维上，而尽可能地忽略脑内的焦虑不安的情绪。那时候他的作品并没有得到广泛的认可，却被大家当作是无稽之谈。但是现在我们重新审视，这些想法既然得以出现，那么它必然是可以用于实验的。我还记得他曾经说过这样一句话：我们为什么不放弃对邪恶、黑暗的想法和关注，而去获得更多善意的想法呢？要知道美好、快乐的人生体验比那些想法要重要多了。这些理论即使到现在都显得有些晦涩和深奥，但是，如果我们想要认识到自己灵魂真正需要的是什么，就必须先修复它，否则它会变得越来越糟糕。

没有人向往和憧憬那邪恶、黑暗的人生。我开始做一个小小的实验，我决定把这个实验的时间控制在一个月以内，因为我知道任何有用的理论在一个月内就完全可以体现出它的益处。这一个月里，我开始对自己的思维进行一些有意识的控制。比如说，如果我回忆起过去，我会有意识地让自己只回忆过去发生的那些快乐的事、童年无忧无虑尽情玩耍的时光，第一次在学校礼堂成功地做了演讲，和心仪的女孩约会，第一次做了爸爸，等等。在这个过程中，我有意地将注意力放在促使这些快乐的事情发生的细节上。我最大程度地利用这些回忆，同时刻意地忽略了过去那些令我垂头丧气的失败的事情，然后我开始试想我未来将会获得的成功，也许这样的想法会很可笑，但是我确实是这么做了。一个月很快过去，从结果上看，这个训练显然是有用的。

接着戴维·詹姆斯博士又谈到了那位被头痛困扰的科学家，以及怎样不凭借药物解决头痛，还有怎样使自己感觉更加良好、更加自信，他这样说，由于思维的千变万化，我的人生由内而外发生了许许多多的转变。这些转变比我内心的转变更加令我感到惊奇，但是这些变化，我非常清楚，全部是来源于内心的变化，因为我们的内心可以控制行为。举个例子，一些权威人士对我非常赞赏和尊重，这些赞赏和尊重也是我内心渴望得到的。有一天，其中一个威望甚高的权威人士联系到了我，令我震惊和喜悦的是，他邀请我做他的副手。我的能力和才华得到施展，这为我以后独立工作打下了坚实的基础。于是我更加努力地工作，也正是因为这样，这位权威人士对我更加关心和支持。这一切都是因为此刻我的努力，因为我的性格发生了变化，我开始为工作而奋斗，换到以前，甚至没有人愿意多看我一眼。再仔细想想我经历过的这些变化，似乎我误打误撞地找到了一条正确的人生道路，而之前被我视为仇敌的思想也开始为我服务。

戴维·詹姆斯博士的著作属于新思想运动时期，年代久远，我想现在已经绝版了。但是他的实践和方法对于现在的我们来说，依然有着非常重要的启示意义。因为他的所有理论是基于对自身的研究和实践。也就是说，他曾经对自己即将开始的工作抱有强烈的怀疑态度，而正是这些观点，令他获得了重生。

坚持 30 天，培养快乐的心

自我意象和习惯总是形影不离，改变其中一个，另一个也就随之改变。习惯其实就是我们的性格所披着的外衣。习惯不是偶然发生的，也不是意外发生的。我们之所以有各种习惯，是因为习惯恰能适合我们。习惯与我们的自我意象保持一致。在有意识地形成新的好习惯时，自我意象就会钻出来取代旧的习惯，发展为新的模式。

当我提到改变习惯以改变日常行为时，很多病人觉得害怕。他们错把“习惯”当成了“上瘾”。上瘾是指某件事你不得不做，但是做了之后会让你退缩，产生不良反应。但习惯不是这样的，习惯可以是好的。

习惯是我们的一些反应，是我们在不通过思考和决策的情况下就自动使用的东西。与上瘾不同，这些习惯是可以修正、改变或推翻的，手段就是你要不厌其烦地去做某个有意识的决定，随后再去练习、实施新反应或新行为。

心理控制训练小方法：

一般情况下，我们不需要被教导，穿拖鞋的时候，会先穿上一只，再穿上另一只。因为这已经成为习惯。所以在明天、后天和以后你都会用这种方法穿鞋。现在，你要在大脑里有一个清晰的意识：我要改变以前穿鞋的方式，以另外一种方法来穿鞋，时刻提醒自己，不能忘记。这样你在第二天一大早醒来的时候，这个想法会在你脑子里面提醒你，你会双脚同时穿进拖鞋，或者用更多别的方法。这时候你的想法已经变成了你的一种暗示、一个信号。提醒着你要改变以前旧的习惯。当你穿上拖鞋，你会在心里默默地说，哦，我做到了，我以新的方式开始了这一天。

这样你已经学会了有意识地决定一些事情，你可以通过下面的练习来实现它。

（1）我要尽可能愉快些。

（2）我要与其他人打交道时更友好一些。

（3）我要对别人的缺点、过失和错误少一些批评、多一些忍让。对于他们的行为举止，我要尽可能往好的方面想。

（4）在可能的范围内，我要表现得好像成功是一种必然，好像我已经成为想成为的那种人。我要在行动和感受中表现得就像我真是那种人一样。

（5）我不会听凭自己的主观看法以一种悲观或消极的方式去影响事实。

（6）我要练习每天至少笑上三次。

（7）无论发生什么事，我都会尽可能平静而明智地作出反应。

（8）对于所有那些根本无法改变的悲观而消极的“事实”，我会完全对其视而不见，不让它们进入我的大脑。

简单吗？是的。但是，这些习惯的行为模式、感受模式和思维模式中的每一种，都会对自我意象产生有益而积极的影响。将它们付诸实施吧，坚持 30 天。检验它们的力量，看看担忧、愧疚、敌视的情绪是否减少，看看信心是否增强。

信念是万能的开始 | 第六步

○自动成功机制，实际上是一种服务，也就是说这种系统或机制是为你服务的，它是你的仆人。

○我们的生活被各个因素所影响着，如果只考虑乐观和悲观，是非常肤浅的。

○无论多么微小的成就，都可以当成是一种成功。也许它并不重要，它的完成给你带来的成就感并不是很大，但是你所需要的是一种体验。那就是，你成功地做到了自己想做的事，成功地实现了自己的目标，这些成就，或大或小，都会给你带来满足感。

每个人都有成功的潜力

我们每个人身上都有着强大的自动成功机制，它的运作是由明确目标和最终结果决定的。所以说想要完美地利用它，你就得给它一个明确的目标，它能自动引导你的行动，给你更合理的思考和想法，目标自然而然地就会实现。之所以叫自动成功机制，是因为你通过思考、观察最终确定目标，它会自动提供实现目标所需要做的事情。好比你的肌肉，徒手抓一件东西，你会非常自然地拿起来，抓住它。我们的思维运转工作也是这么简单。你需要想法的时候，自动成功机制会给你提供想法，甚至有时候会出现一些神奇的事情，比如你非常想联系某个人，这个人会被你的自动系统吸引到你跟前。所以，相信自动成功机制的力量吧。

无论最终的结果你是否完全满意，有一点你必须承认，它让你在整个工作过程中毫无压力。它的力量显而易见，但却是蕴藏在你心底的。自动成功机制，实际上是一种服务，也就是说这种系统或机制是为你服务的，它是你的仆人。如果没有得到你的命令，它会自动工作吗？试想一所公寓内的仆人会未接收到主人的命令而做事吗？显然是不会的。不仅如此，如果这所公寓的仆人和主人不用同一种语言交流，仆人还能为主人做什么呢？所以说，心理控制就是语言翻译程序，使作为主人的你和仆人也就是自动成功机制交流得更加顺畅和简单，使你的命令能够更精准地表达。

激发潜力的运转

想要激发自动成功机制顺利运转，必须向它提供明确的目标，这个目标必须是认真地观察并思考当下的情况后得出来的。你必须明确目标，并清楚达到目标后将对你、对当前环境造成的影响。这些必须是非常真实的，事实上它必须真实到仿佛它已经实现了一样。

不过这并不困难，因为我们每天的生活都是在重复这样的过程，比如说你会因为未来可能发生的变故而担忧。反过来讲，就算我们此次工作没有达到目标，它失败了，我们也必须要经历这个面对失败的过程。我们为自己描绘失败的样子，并且准备面对真的失败，这些想象并不模糊笼统，而是实实在在的。整个设想过程中，我们甚至要从回忆中去提取过去失败的教训来完成我们的想象。

前文我已经说过，我们的大脑和神经系统是无法辨别真实经历和生动想象的体验两者的区别的。我们的自动成功机制总是会对当前的环境、情况、问题作出恰当的反应和行动，它只关心当前环境、情况和问题有关的信息，那就是你认为它们是什么样子。我们的神经系统并不具备辨别真假、成败的能力。因此，如果我们老是想着失败，不断地告诉自己会失败，描绘给自己一幅失败的景象，甚至具体到必须面对因失败而带来的后果。那么我们的身体也会被它牵引，你的工作也会进一步走向失败的方向。反过来，如果我们脑子里始终有着积极的想法和动力，将目标成功后的样子栩栩如生地在脑海里描绘，并使其成为习惯。那么此刻我们会在尚未完成目标的时候就体验到胜利的感觉，那就是，自信、勇敢和坚定的信念。我们暂时还不能有意识地观察我们的成功机制，看看它是在为成功做准备还是为失败做准备。但是我们可以通过感觉来确定它的状态，当它的状态与成功相符的时候，我们就会体验到成功的感觉。

召唤、获取、激励

其实操纵自动成功机制非常简单，只需几个步骤，那就是：召唤、获取、激起胜利的感觉。当你感到成功在望，你的内心必然自信满满，就会朝着成功的方向前进，自然也就少走弯路、少做错事。成功的感觉本身并不能帮助你成功地生活。它的本质其实是一种信号，或者说迹象。它表明我们是否朝着成功的方向迈进。这就好比一个温度计，它虽然不能在室内制造热量，但是可以测量温度。所以我们要好好地利用自己内心这支温度计，也就是说，当你感受到了这种成功的体验，它本身就是在提示你，你在向着成功迈进。不过话说回来，过分刻意地激发成功机制，可能会有碍于它的良好运转。其实你只需向它传递一个信息，那就是你最终想达到的目标和结果。这样无疑是最有效、最简单的。你具体而形象地向自己描绘这一目标和结果，然后仔细设想获得它之后给你生活带来的影响，那么它的运行已经在向你最终设想的情景迈进了。接着，你就可以听从心的指挥，自发地、自动地去完成实践。然后启用无意识思维的力量，为你自然而然地提供创新观点。可以说，使目标达成的所有事情，自动成功机制都可以为你做到。

你尝过成功的感觉吗

卡里·米德尔科夫博士曾经说过这样一句话，对我们来说非常有用。他是这样说的，胜利的感觉是高尔夫球赛获胜的最大秘诀。他接着揭示了这一现象：我在马斯特斯举行的一场高尔夫球赛的前几天，已经非常清楚地知道我会获胜，那种感觉好像我已经参加过比赛并且已经获得了奖牌一样的真实和具体。我觉得我挥的每一杆都无比完美和精准，我的动作带动着我的肌肉，没有一丝一毫的纰漏。我在心里面描绘了我获得比赛成功时的样子，结果在参加球赛的时候，这种令人惊奇的胜利感觉又来了。我知道我并没有做别的改变，但是这种感觉仿佛在我的球到球洞口之间画了一条轨道。这条轨道非常精准地指挥我挥杆，是的，我成功了。他还说，他认为这种胜利的感觉，是每一个优秀的高尔夫球手必备的本领。当你具备这种想法，并且它足够强大时，它会使球走到你想要球去的地方。这种感觉似乎能够支配球的运动轨迹。米德尔科夫博士接着告诉我们，他如果在赛前的当晚有这种疯狂的感觉——我一定会成功，那么第二天他的表现会如同想法一样完美无缺。

无数的事实表明，这种胜利的感觉似乎具有某种不可思议的魔力，它仿佛能够消除一切障碍和不可能性，甚至可以利用这些障碍和不可能来获得成功。试想一下，如果一个人，不管他是不是运动员，他在脑海里具备了这种最根本、最深刻的信念，即“我一定会获得成功”。将这种信念深深扎根进自我意象，那这将是他获得成功的基础。但是事实上，我们当中很多人，从父母或者从想获得赞许的人身上得到的答案却并非如此，他们会对我们说，“你根本干不好这件事”“别浪费时间了，你根本不是那块料”等诸如此类的消极判断。这种想法扎根脑海，以至于他们真的相信失败的概率比成功的概率要大得多。这种信念愈加坚定，以至于他们最后真的成为一个失败的人。所以我们不应该低估自我认识和自我说服的力量。它们的状态直接影响到我们的生活，所以必须积极地利用它们。

事实上很多人都凭借这种“成功的感觉”获得了成功。我的朋友布拉德就是这样一个人。布拉德以前从事销售业，做了很多年，并且非常成功。在此基础上他对公共关系也颇有研究。他喜欢自己的工作，又想拓宽工作的领域，他说他最喜欢研究的对象是人。有一天他突然意识到自己也有或多或少的问题，他开始审视自己，首先呈现在他面前的问题就是他缺乏演讲方面的经验。布拉德说，我很担心在公共场合会手足无措，紧张得蹑手蹑脚。我唯一在公共场合发言的经历就是在自己的公司对销售员讲话。如果准备在一大群人面前演讲，我很难想象自己会是什么样子，紧张焦虑甚至可能会出丑。不过回想一下，发现我对自己公司的销售员讲话的时候是丝毫不紧张的，然后我开始考虑个中缘由。我对比了两种演讲的不同之处，甚至还在脑海里描绘出我站在大礼堂里镇定自若演讲的样子。对！我突然记起来，跟公司的销售员讲话时我内心非常镇定。于是我在脑内反复思考和描绘，包括我以怎样的姿势站在礼堂，以怎样的手势与听众互动，等等。于是我脑内终于产生了我成功演讲的意象，我能预知当我下一次站在礼堂内演讲的时候将会获得满堂喝彩。

是的，他的话告诉我们，我们应该对比过去的经历和现在的情况，寻找我们现在缺少的东西，填补它，让你形成最好的状态，去把成功的感觉变成真的。

每个人的一生中，都曾获得过成功。这里的成功包括很多，包括幼儿时期第一次学会了系鞋带，中学时期第一次勇敢地上台演讲，第一次约会到心仪的女孩，学校组织的棒球赛获得了胜利，等等。这种成功甚至还可能是修好了自己的脚踏车，烘焙了一块美味的蛋糕。无论多么微小的成就，都可以当成是一种成功。也许它并不重要，它的完成给你带来的成就感并不是很大，但是你所需要的是一种体验。那就是，你成功地做到了自己想做的事，成功地实现了自己的目标，这些成就，或大或小，都会给你带来满足感。

那么我们现在开始仔细回忆、重温那些成功的经历吧。详尽地在你脑海里重现当时成功的整个画面，而不仅仅是获得成功的这件事。要具体到促使成功的每一个细节，比如当时的天气，你的心情，你的着装，当时别人是在干什么，你的感觉如何，等等。把回忆的画面描绘得越详细越好。如果能准确地回忆起促使你成功的详细情况，你就会不由得发现自己有了与当时相同的感觉和情绪。努力回忆成功能够促使你激活内心深处的成就感和满足感，你会发现此刻的你充满了自信，因为你正在回忆的过去也恰恰被自信填满。

激发了这样的成功感受之后，我们就要进一步利用它，小到烹饪，大到商业谈判，都可以使用这一方法。无论你准备干什么，都将成功的感觉在脑海中紧紧抓住，并加以利用。此刻你就开始不由自主地想象出一套迈向成功的方案。

信念力与成败

如果两个人，背景、受教育程度、智力和技能都非常相似，而且他们都不约而同地想进行一次人生的拓展。至于这个想法是通过完成什么而实现、如何实现，我们没有必要知道。但是我可以说任务摆在他们面前都有相当大的难度。有可能他们都将经历挫折和痛苦，并需要很大的耐心和毅力。

其中一个对我说，这太难了，我不可能完成。我根本没有能力完成的。我这一生中，任何事都没有彻彻底底地完成过，我混到了现在也没有什么成就，浑浑噩噩，如今我甚至想不到一丝我走运的回忆。我现在完全没有勇气去实现现在的目标。另一个说，我回想了一下，我这一生中完成的每一件事都非常艰难。不过我活到现在，任何事虽说开头很难，但是一旦开始之后就变得简单了。我现在取得的每一点成功，哪怕微不足道，都源于我一开始的努力。如果我知道目前摆在我面前的问题应该怎么解决，那么我会驾轻就熟地完成。所以我认为现在的问题是只要决定开始，就一定可以成功。那么在这两个人中，你觉得哪一个会先放弃目标，哪一个会拼搏进取最终获得成功呢？显然要回答这个问题，并不是只在于乐观和悲观的人生态度，因为我们的生活被各个因素所影响着，如果只考虑乐观和悲观，是非常肤浅的。真正起决定作用的是自我意象。我们看着两个人对自己人生的描述和对自己的评价。一个将一点点成就都看作是积极向上的证据，将最开始的困难艰辛理解为万事开头难，他有拼搏的精神证明他有勇气从无能走向成功；而另一个却将自己一点点成就看成沮丧的证据，证明他无比艰辛的付出却没有获得应有的回报，我们可以说，他没有能力胜任这项任务。

所以，任何两个人在面对问题、工作时，都会有不同的态度。甚至你自己对自己也有着不同的看法。与其始终把自己禁锢在一种想法里面，不如试着去拓展一下自己的视野，更加客观地看待自己，提出不同或者相反的意见。这样，你会从中受益颇多。

每个人都会有消极的失败感

其实每个人在开始一项任务之前，都会或多或少地感觉到消极的失败感，从而会引发内心的恐慌和不安。这其实是由人们内心对失败的抗拒形成的。每个人都是如此，不过不要以为这就是向你宣告失败的信号。既然每个人都如此，那为什么别人还会成功呢？这完全取决于你对当前工作的态度、感觉，你怎么应付它们。如果你没有摒弃失败的感觉而去听从它、依附它，那么你可能就会失败。有人问“铁血将军”俾斯麦，在战争开始前会感到害怕吗？将军说是的，我的确感到害怕，但是我从来不听从害怕的指挥。我们必须明白，失败的感觉并不是上天给你的预示。你要相信，既然任务摆在了你面前，那么上帝是要你去完成它的。你失败的感觉，包括惶恐、不安、缺乏信心等想法都源于你自己的大脑，这也从另外一个侧面反映了你对当前任务的态度。换句话说，你低估了你自己，或者夸大了任务的难度，或者是你想起了过去失败经历的回忆，而不是成功的。这就是它们全部的意义，它们丝毫不能预示未来，但是却反映了你内心的状态。

你需要明白，你对消极的失败感有绝对的控制力量，你既可以接受它，也可以拒绝它。你可以对它俯首称臣，一切听任于它，也可以昂首阔步把这些失败的感觉置诸脑后。但是并不一定只要接受了失败感就一定会失败。如果无法把消极的失败感彻底消灭，不如将它变成一种有利的因素，让它成为一个信号，激励我们内心更多的力量和才华。我们不听从于失败感，但也绝不是放任不管。只要我们积极地面对它们，消极、不安等情绪反而能唤醒我们身上更多的力量。我们在上文中提到，只要能正确地利用，一定量的兴奋情绪可以帮助我们解决问题，它并不会妨碍我们做事。同理，消极的失败感也是如此，它完全取决于我们对待它的态度。也就是说，你将它看作激励你的信号，它便会激励你。反过来，你将它看作阻碍你的绊脚石，那么它必然会阻碍你前进。可见，对消极的感觉做出积极的反应同样可以避免失败。当有些人听到别人做出“你肯定做不到”这样的评价时，会瞬间变得萎靡不振。别担心，我们当中的每一个人都是如此。我们一生中多多少少都会面对别人这种评价，但是只要有积极的应变才能，这种评价甚至会更加坚定你成功的信念，助你一臂之力。

人的感觉不是由意志力控制的，当然也不能凭借意志的力量来转变它，像水龙头那样收放自如是不可能的。感觉虽然不能被控制，但是它们却可以获得。意志力不能直接控制感觉，但是通过心理控制的训练，我们可以间接地影响到它。比如此刻你对一件事情感觉糟糕透了，可是这是你的工作，你必须坚持做下去。但是并不会因为你的坚持，你就会对它充满好感。它需要通过另一种感觉来消除。就像一座碉堡，我们不能狂轰滥炸来打败它，但是我们可以在潜移默化中悄悄占领它。所以说，当你对糟糕的感觉束手无策时，正面攻击来驱逐它是完全没用的，不如用积极的感觉来代替它。前文我们已经说过，感觉是由意象控制的。我们的周围环境中有哪些东西是可以接受的，我们就会相信由它而产生的感觉。这种心理训练法就是，只要发现自己的感觉不太舒服，我们就把注意力从这种不舒服的感觉上转移出来，但是转移注意力的过程中不要反复告诫自己这只是在驱逐糟糕的感觉，这是完全错误的。应该把注意力完完全全转移到积极、健康的感觉上去，努力地用积极向上的想法把思维填满。如果真正做到这一点，消极的想法、糟糕的感觉自然会全然不见。与此同时，我们会发现我们现在所拥有的积极、美好的感受与自我意象完全吻合。如果我们没有做到完全把注意力集中在积极的想法上，只是想着把糟糕的感觉消灭掉，可能在短时间内可以把一部分消极想法驱逐出去，但是很快更多新的消极想法将会接踵而至。因为此时你的注意力没有完全从消极想法上移开，你的心理环境总体还是消极的。所以要相信善意、积极的力量，让它们帮你驱散心底的灰暗。

选择想要的人生，你就会拥有

每个人的内心都是一个巨大的宝库，里面储存着过去的经历和感受。这些经历和感受中有成功有失败、有喜悦有痛苦。就像用录影带记录一段生活一样，这些经历全部客观地印刻在你的记忆里。这些记忆里有美好的故事，有悲伤的故事，两种故事数量差不多，至于你想深刻地记住哪一种，完全靠你自己的选择。

关于记忆，科学界还有一个有趣的发现，那就是记忆其实是可以改变的。我们还举录影带的例子，记忆的改变，就好像录影带被新的素材和内容覆盖一样。事实上，我们脑海中记录下的任何影像每次回放都有可能产生改变。因为它会受到我们当下情绪、脾气、习惯和当前环境的影响，有些因素也许我们自己都觉察不到。所以我们可以说，过去影响着现在，而现在也在影响着过去。换句话说，过去的记忆和经历并不能决定我们现在的命运，也没有与现在完全脱离。我们现在回忆过去的心情是完全取决于现在的状况。所以说记忆可能被改变，而改变的原因正是当下的我们。

很多时候，一些特别的记录内容或者记忆一旦被“激活”或者说“回放”，会变得更加难忘，甚至对当前带来极大的影响。相信很多人都有过类似的体验，比如你现在的工作用到以前的记忆内容，很可能这个记忆会在你脑海里被巩固得更加深刻。这和学生复习功课是一样的道理。既然如此，我们可以再一次利用这个浅显的道理，其实我们的生活总是悲喜交加的。但是，活在悲伤情绪中的人往往扩大了过去悲伤的回忆，何不将那些记住悲伤的精力用在努力记住美好的回忆上呢？

想象一下，如果我们的某位朋友或者亲人去世，在葬礼上我们会回忆起一些与他有关的场景和事件。这些场景和事件绝大多数是快乐开心的，即使这个人真的曾经让你痛苦难过，我们也会下意识地不再想那些不好的记忆。这位长眠的长辈平时话不多、很严肃，但是极偶尔的时候他也会哄你开心，那么在他去世的时候，我们会将他融入大家的生活中，将他看作我们生活中的重要成员，甚至在每一次家庭聚会的时候都会再一次回忆起他的好。再比如说，你只有在过节的时候才会去看一看住在乡下的祖母，平日的时间里你甚至都很少想起她。但是当她去世时，你会突然意识到她是陪伴你整个童年的祖母，回忆起你们在田野上散步的细节，坐在她膝盖上的场景，等等。这些美好的回忆都能诱发你悲伤的情绪。实际上回忆过去，或者用文字记录过去都是便于让我们相信这些悲伤的情绪是合乎情理的。从而让我们在自我意象中相信自己是什么样的人，在什么样的环境下做出什么样的举止。

诸如此类的例子非常多，在我们生活中非常常见。我记得我曾经参加过一个葬礼，死者与她的姐姐因为经济问题有过非常激烈的冲突，这导致他们姐妹多年不和。葬礼上，死者的姐姐非常动容地发表了20分钟的哀悼辞，她非常详细地回忆了与死者度过的美好岁月和死者的一些优良品德。中途还不得不数次停顿以缓解悲伤的情绪。在场的人也无不落泪。不久后我再次遇见这位姐姐，我们在咖啡馆里聊天。一开始我非常谨慎地问："萨拉，我听说你以前跟你妹妹的矛盾非常大，但是为什么在她的葬礼上你那么难过和动情呢？”她回答我说：“我是不会说死者坏话的那种人。”显然她的回答揭示了我们制造自身感受的主要奥秘。“我是那种什么类型的人”，这种对自己的评价给自己的启示意义力量强大到难以置信。它告诉我们，一些想法、感受、行为和结果都与自我意象完全一致，不偏不离。当然它还揭示了当灾难来临时，你要怎样才能在危急关头保持住胜利的感觉的方法。我们不妨这样练习：将消极的自我认识说服，变成积极的自我认识，“我是××的那种人。”在脑内反复地回放这句话，直到你真的相信它为止。这个时候你的想法、行为自然跟它一致了。至于你为自己建立怎样的积极暗示，就看你的需要了，比如说，高效的、快速的、果断的、勇敢的、善于创新的等，只要符合你眼下的工作即可。你的自我意象就会像你的身体一样，爱上新鲜的水果蔬菜，而不是垃圾的快餐食品。

第七步 “心像”的想象空间

○自我意象在心理学中具有重要意义，它的目标和用途并不是通过“催眠”或者“激励”来成就一个无所不能、无坚不摧、狂妄自大的“假我”，这也与心理学的科学性相违背。

○我们每个人身上都具备自动成功机制，它是一种极为复杂、能自动追寻目标的机器，通过反馈数据和存储的信息，它能向当前的目标自动前进，必要时还能自动矫正路线。

催眠的力量

早在20世纪50年代，西奥多·色诺芬·巴勃尔博士就对催眠现象进行了深入的研究。在华盛顿大学心理学系工作期间和与哈佛社会关系实验室合作期间，他都没有放弃自己的研究。他曾经在《科学文摘》杂志上发表的文章中这样写道：我们发现，只有当催眠主体认为催眠师的话千真万确时，才能做出令人吃惊的事情来……当催眠师引导主体到达某种境界，使后者相信催眠师的话是完全正确的言论时，主体便会由于想法和信念的变化而表现出异常的行为。催眠在普通人眼里似乎总是一种神奇的东西，因为人们始终难以理解信念怎么能够造成如此反常的举动。似乎总有某种更强大的东西、某种深不可测的力量或威力在发挥作用。

然而，不可否定的事实是，当某个主体相信自己听不见声音时，他的行为表现得就像他真的是个聋子一样；相信自己感觉不到痛苦时，他在不经麻醉的条件下也能顺利地接受外科手术。但实际上，神奇的力量或威力是不存在的。值得注意的是，这篇文章发表于1958年。现如今，催眠术已经成为一种被大众普遍接受的、在医学上广泛采用的治疗手段。对于许多身体肥胖想要瘦身的人来说，用于减肥的催眠和自我催眠可以使他们相信自己没有必要接受立竿见影的外科吸脂手术。这和我对有些病人采用“精神手术”疗法而不真做手术来治愈他们的例子有异曲同工之妙。在这些例子中，催眠就成为了手术刀。在牙科方面，催眠用于帮助患有恐惧症的病人（实际上，他们不能控制住自己的焦虑情绪）治疗牙齿疾病。在许多情况下（大量事实也证明），催眠是一种非常成功的替代手段，可以在麻醉效果不够明显时取而代之，完成麻醉的过程。

在孩提时代的回忆、过去的经历和同伴的感觉与想象、自我意象以及伺服机制这几者的关系的问题上，我的结论是：人其实在每时每刻都会受到自我意象的催眠。许多人一辈子几乎都在某种无法辨认的催眠暗示的支配下进行“梦游”。在昆廷·雷诺的著作《直觉：你的秘密力量》一书中，作者引用一位催眠师的话：“前来拜访的顾客，都希望我能帮他们进入一种恍惚迷离的状态，在那里安排他们的生活。其实，有时恰恰相反的是，他们当中的许多人已经生活在半梦半醒之中，他们需要以现实作为药方来治疗自己。”如果你小时候有过在一间黑暗的电梯或密闭空间里担惊受怕地待过几个小时的经历，那么也许即使过了40多年，你仍然会在乘电梯时感到害怕、无法鼓起勇气走进电梯，而且置那些统计出来的安全数字、真实情况以及无数电梯乘客的证实和观察于不顾。甚至连爬上十几级楼梯这种简单的任务，也会让你畏畏缩缩、心有顾虑。因为此刻你仍然处在40年前那种自我催眠后的恍惚状态之中！尽管会存在这样的状况，但我们只要稍稍思索便会发现：对我们而言，按照信以为真或“想象为真”的画面去感受和行动，有时也是一件好事。所有的这一切并不代表是你的神经系统本身“不好”，你只需学会如何更好地去运用这一“系统”就可以了。

将自己想象成一位成功者

我们的行为、感受和举动是自身形象和自身信念造成的结果。能认识到这一点，我们就多了一个杠杆，而心理学在改变人的性格时总是少不了这个杠杆。这个杠杆为我们打开一扇强大的心理之门，通过这道门，你可以得到技能的展现，也可以得到成功和幸福。“心像”让我们有机会进行新观点、新态度的实践，这些东西是我们无法通过其他途径进行实践的。之所以存在这种可能性，同样是因为你的大脑和神经系统无法辨别实际经历和“生动想象”出的经历之间有何差别。如果在心像中将自己描述成在按照某种特定方式做事的人，那么我们在实际生活中的表现也会与此保持一致。“心像”的威力和现实实践不相上下。当我第一次发表这样的观点、别人也开始发表这样的观点时，它还只是一个普普通通的想法：人可以在自己的想象力中历练自己，并在客观实践的过程中取得与其相一致的成果。如今，这一观点已经广为大众接受，而且早已被无数试验所证明。各类体育项目的运动员都会定期进行精神训练或想象训练。比如，理查德·库普博士提出的给高尔夫球运动员的建议，内容如下：每次在开始击球之前，你需要建立一幅“心像”，描绘你希望高尔夫球在你将球杆顶端击向它之后作出的反应，你那一击会有怎样的效果，你需要对它有一个明确的、乐观的“直观显示”。画面中应该出现球飞行的轨迹、方向、你希望它下落到的地点、当它落地后你希望它滚多远等的画面。如果你觉得很难在脑中刻画出击球后的那一段时间内球的运动状况，那么你可以想象出有这样一条弯曲的大马路，它的曲度和你所希望高尔夫球滚动路径的曲度一致。在这种“直观显示”中，你的选择只会受到你想象力的限制。你可以把果岭看成是一个带有旗杆的软垫，准备接收你击出的球……总之，你要找到能为你所用的直观图像。“直观显示”是高尔夫心理学里最个性化的内容之一。

美国高尔夫球员杰克·尼克劳斯说过："每当我挥杆击球之前，头脑中必须先有一幅清晰明确的图像。首先，我要'看到'希望球最终停留的位置，然后，我要'看着'它前往那个位置、它的飞行轨迹和着地过程。随后的一幕'场景'要让我看到自己的挥杆姿势，而且这种姿势要将第一幅的画面变成现实。"请注意这位金熊奖获得者对自己现实中所做的事情的描述，库普博士的建议和本书提出的指导是多么惊人地相似。其实，想象力练习并不一定仅仅局限于高尔夫或网球这样的体育运动中，认识到这一点非常重要。精神练习的这一原则实际上对任何行为都比较适用，包括更广义上的行为，如满怀信心地大声说话、在商业会议上胸有成竹地发表自己的观点，而不是始终战战兢兢、默不作声，然后再后悔莫及。或者直接要客户签署订单，而不是让产品的宣传和推销以你的软弱无力的话语和对方的暧昧态度作为结尾，如此等等。

杰克·尼克劳斯用了"场景"这一词语：他把自己成功的挥杆击球过程当成一个小小的"精神电影"播放，也就是说，离开现实中实实在在的击球，而到"精神影院"看"电影"，然后再回到现实中来，去体验那种在思维中似曾相识的感觉。刊登在 2000 年 7 月《高尔夫杂志》的一篇文章中，杰克·尼克劳斯这样说道：“我喜欢自己的这种练习方法，我将它称之为‘拍电影’训练法。这种方法在你的头脑里越是根深蒂固，你就越能在现实中打出你希望打出的好球。”他在自己发明的“四步法”中的第四步甚至说：“那部完整的‘电影’告诉你哪支球杆合适，你就选择哪一支。”值得敬佩的是，杰克·尼克劳斯找到了自己的方法，他把选择合适的球杆这样的烦琐小事都交给他的自动成功机制去解决，而不是都交给意识去做决定。事实上几乎一切能到达某项运动的巅峰的运动员都能通过某些独有的方式，找到这种类似技巧的途径。首先，我想在这里先介绍一些完全支持想象力练习观点的科学记载。在我所了解到的最早的某个受控试验中，心理学家汪达尔证明，向标靶投掷飞镖的精神练习（在这种练习中，投靶人每天要在标靶前面坐上一段时间，脑海里想象着自己正往标靶上投飞镖）能提高投掷的命中率，其程度就像实际投掷飞镖那样明显。《科学季刊》杂志曾报道过一个实验，这个实验旨在研究精神练习在提高篮球的罚球技能上所起的作用。第一组学生连续 20 天每天坚持实地练习罚篮，并在第一天和最后一天计算得分和命中率。第二组学生也在第一天和最后一天计算命中率，但是在这中间的十几天内不进行任何练习。第三组学生在第一天计算罚球命中率，然后每天花 20 分钟想象自己将球罚进篮筐。如果想象中球没有罚进，他们就在想象中对自己的罚球过程相应地进行纠正。实验的结果是这样的：每天坚持 20 分钟实地罚篮练习的第一组学生，罚球命中率最后提高了 24%；中间阶段不进行任何练习的第二组学生，最后一天计分时没有任何提高；而只通过想象练习罚球的第三组学生，罚球命中率居然也提高了 23%！这个神奇的实验曾经被各种媒体大肆地报道和宣传，而且在此后多年，在许多大学经常被人们拿来议论和举例。当然，这样的实验结果未必十分严谨。尽管其科学性值得怀疑，但对想象力练习的运用真的是一门很有效果的科学。事实证明，想象力练习是提高技能、改善所谓根深蒂固的“真理”，从而得以改善行为的实际手段。

“彩排练习”是一种震撼的想象力

某位已故的著名心理学家向前来请他指点求职秘诀的青年男女们推荐了一个他称之为“彩排练习”的方法。如果你马上要参加一次重要的面试，比如申请某个重要的职位，不妨看看这条建议——提前制订好面试计划。把面试官可能会向你提的所有问题在脑海里预测一遍，再仔细想想你会给出什么样的答案，然后再在脑子里对面试进行“彩排”。哪怕你彩排时预测的问题在面试时一个也没有问到，这种排练做法仍然会带来神奇的效果，因为它能让你的自信心得以加强。即便现实生活中根本没有舞台剧那样需要反复排练的事，排练的做法还是能在即兴发挥方面给你很大的帮助，它能帮你自主地应对你发现自己置身其中的各种场面，因为你通过练习，可以很轻松自然地作出反应。

其实这一点丝毫不值得大惊小怪，求职面试的过程其实就是你在推销自己的过程。你既是产品，也是产品的推销员。你要把你自己推销给你求职的公司。你需要在百忙之中抽出一些时间（几个星期，甚至可能是几个月），为找到一份新工作或获得更好的职位进行策划和筹备。假如挤出了这一部分时间，你无论如何也要充分利用好它。也就是说，你需要利用想象力构建“完美”的求职面试场景并进行反复排练，直到感到万无一失，以便当你真的坐在面试官对面时能够表现得轻松、自信、平静。

世界著名音乐会钢琴演奏家亚瑟·施纳贝尔仅仅学了 7 年的钢琴。他讨厌练琴，很少真正在钢琴键盘上进行长时间练习。当有人质疑他练琴时间与其他钢琴演奏家相比太少时，他回答他们说：“我都是在头脑中练习的。”

荷兰某权威钢琴教师也建议说，所有钢琴家“都要在头脑里练琴”。他说，一首新乐曲应当首先在脑子里演奏过一遍，才能在练习时事半功倍。乐曲应当先在脑海里记忆和演奏，然后再坐到钢琴前现场练习。

可以说，“在脑中练习”已经成为现代钢琴指导的重要基础组成部分。帕特·卡尔森是著名的作曲家、钢琴演奏家和讲师，因为推广“怎样于一夜之间弹好钢琴”的视频教程而广受赞誉。她在教程中教人们怎样“感知”音乐，而不仅仅是掌握活页乐谱的视唱和进行枯燥无味的练习。

“心像”的秘密

很多成功人士都运用“心像”形成法和彩排练习法，并取得了成功。比如拿破仑，他在真正上战场拼杀前很多年，就已经在想象中练习怎样当兵。

韦伯和摩根在他们合著的《充分利用你的人生》一书中告诉我们：“从当兵到上战场的那些年，拿破仑写的读书笔记印刷出来就有整整 400 页。他把自己想象成为一名指挥官，画出了科西嘉岛的地图。我们不难知道他将自己无比精确的计算本领用到了什么地方。”希尔顿集团的创始人康拉德·希尔顿在真正买下一家旅馆之前的很长时间，就已经想象自己在经营旅馆。

还是儿时的他就经常扮演成一个经营旅馆的大老板。他最早的成功是购买了一些破旧损坏了的“过时”物件，然后恢复它们原有的美，并把它们打造成了一流的物品。他说，当他从废品站认出这些物品并想得到它们时，不会去看它们的真实状况，只是生动而详细地去想象当它们在翻新后出现在旅馆里时会是什么样子，然后在大脑里“拍照”，并把这些“照片”存储在脑海里。由于看到的是它们应有的样子，因此他看到的是这些物件上别人看不到的价值。

简·萨瓦是美国最久负盛名的马术教练之一。2000 年，由她指导的美国马术奥运代表队参加了悉尼奥运会的马术比赛。她曾经讲述过这样一个事例，来证明想象的力量会让“可能”变成现实。

以我为 1989 年北美锦标赛选拔赛做准备的那段经历为例。我有大量事实证明我在选拔赛上取得好成绩是不太可能的。我的确有一匹好马——扎帕特罗，但是其他方面的情况是：第一，扎帕特罗对我还很陌生，我们没有时间建立亲密关系，也没有时间真正沟通；第二，它还是一匹很年轻的马，没有强壮到能做所需的各种动作的程度。

这些事实使我很难想象怎样最完美地参加比赛。于是我只好转而想象颁奖仪式。有好几次，每当一天快要过完时，我会找一个安静的地方，闭上双眼，全身放松，想象着我在以胜利者的姿态绕场一周。在此过程中，我强迫自己不停下来思考“那些事实”，从而阻止疑虑和不安全感钻进头脑。事实上，那天最终成绩公布时，扎帕特罗和我真的在那里以胜利者的姿态绕场一周。

听起来似乎难以置信，我也绝对无意淡化充分准备和刻苦训练的必要性。但是，从精神上对想要的结果（如果结果在你脑海里已然存在）集中注意力，是我们最终取得成功的重要因素。集中精神于某个积极结果（这个结果是你在头脑中已经形成的结论），而不是任由生动的想象力去想象失败的画面，这一点至关重要。由此，我的思维（伺服机制）便能通过帮助我娴熟而高效地骑马，从而为我提供实现目标所需的手段。

当然，持有怀疑态度的人希望将这种现象归结为巧合或幸运。但是简·萨瓦是一名娴熟的心理控制理论实践者，她有许多可用做证据的事情来支持自己的信念。事实上，作为冠军骑手的指导老师和教练，她运用心理控制技巧来进行教学已有多年。其中众所周知的，就是她的队员们在奥运会上的表现。即便是把成功想象成一个简单、但栩栩如生足够真实的画面，也足以阻碍我们心中疑虑、恐惧、担忧等不良情绪的产生，并且能引导成功机制瞄准某个靶子进行精准射击。相比之下，全面的精神排练画面所带来的威力会更加强大。无论你是专业的运动员还是只在业余时间参加体育运动的运动爱好者；无论你是专业的销售精英、企业家、高级管理人员、在校教师，还是医生或从事其他职业的人士，你都可以在日常的养生练习中掺杂着精神排练进行尝试。大量证据表明，你应该学会使用这种工具并且经常付诸实践，这样可以让你达到各种有价值的目的。可以这样说，如果不运用这套方法，在做事时，你就享受不到我们所知道的最基本、最可靠、最普遍的心理学“成功途径”所带来的好处。这就好比一个木匠在做木工活时，不去使用电动工具来方便自己。虽然不用电，只用机械的锯和刨子也能完成木工活，但何必这样呢？

“心像”的神秘力量从哪来

控制心理学让我们知道了心像具有强大的力量，而且人们对它发挥作用的道理认识得越深刻，就越能深入地使用它。我们每个人身上都具备自动成功机制，它是一种极为复杂、能自动追寻目标的机器，通过反馈数据和存储的信息，它能向当前的目标自动前进，必要时还能自动矫正路线。这是它唯一发挥作用的方式。在做任何事之前，你必须首先在头脑中清楚地描绘事情发生的经过和结果。当我们在头脑中清楚地确立了目标的时候，我们身上的创造性成功机制就会带领我们做成剩下的工作。这比我们仅凭有意识的努力和意志力达成的效果好得多。

事实上，通过有意识的努力和坚强的意志力来实现目标，不仅用处不大，有时候还会造成一些不好的影响。有意识的努力和坚强的意志力会让你担心即将出现的坏结果，并反复为自己描绘，使自己更加紧张和担忧。不如干脆放松自己，不再紧张，不再考虑可能出现的坏结果，只是想着搞定它、实现它、解决它。这就需要你在脑子里描绘真正的目标，并把它交给自动成功机制。在此之后，你依然会努力工作，但是这时的努力是自动成功机制的引导，而非你自己有意识地控制自己，事实上，越是有意识地控制自己，一心想着某一件事时，越是容易想一些无关的事情。

教你如何进行“心像”练习

你在思想上或哲学上有什么样的背景或者持什么样的观点，其实是无关紧要的。“想象练习”、“直观显示”、“心像”，或用我自己的话说叫作“精神画面”，怎样表述都可以。关键是你要实施它，将这种“画面”变成事实，这才是最重要的。如果选定一个目标，然后运用这一技巧，并真切地对其进行一次全面的 21 天试验，你就会欣喜地看到取得的成果。你肯定会下决心在余生继续运用这一手段，并且通过实践极大地获益，就像之前无数的运动员、演艺人员、医生、律师、商业领导人以及其他人员经历的那样。你可以通过以下几个练习起步。

我们知道，现在的自我意象是建立在我们过去对自我进行的想象和刻画的基础上的。这种想象和刻画是源于你对自身经历的评价和判断。但是当我们带有主观意愿时，不免会强迫自己，所以要建立恰当的自我意象，就要学会恰当、客观地评价和判断自己。不妨每天腾出30分钟时间，用来一人独处，保证不受外界干扰。放松下来，尽可能让自己舒服些。然后闭上双眼，开始想象。

无数事实告诉我，想象着自己坐在电影院，观看一部关于自己的电影，这些电影画面尽可能栩栩如生、详细具体，那么会取得较好的效果，重要的是，你可以从中获取你以前没有想到的信息。你要希望你的“心像”尽可能地与实际经历相近似，就是要关注想象的环境中有哪些细节、场景、声音、物体。在这种练习中，想象的环境中的具体细节特别重要，因为你练习的目标具有绝对实用性，你在营造一种“实际经历”。就神经系统的功能而言，如果想象得足够生动、足够详细，你的想象练习就会等同于亲身经历。

接下来要记住的重点是，在这30分钟内，你要看着自己的行为和反应恰如其分、很成功、很完美。你昨天怎样并不重要，也不必努力怀有“明天我要表现得完美”之类的信念。神经系统到时候自然会打理好一切——只要你坚持练习就行。要看着自己像你希望的那样去行动和感知，不要对自己说“我明天要这样做”，只用说，“我要想象自己现在就在这样做——就在我马上要经历的半天里。”想象你如果已经成为想要成为的那种人时，会有怎样的感觉。如果你向来内向而怯懦，就“看着”自己在自由自在地与别人打交道、举止从容并由此感觉良好；如果你在某些场合恐惧、焦虑，就“看着”自己在平静而镇定地做事，满怀自信和勇气做事，并由于举止从容、镇定自若而感到更加开朗和自信。

这种练习会把新的“记忆内容”和存在的数据输给你的中脑和中枢神经系统，它能树立一种全新的自我意象。练习一段时间后，你会惊奇地发现自己“有不同的表现”，这种表现或多或少是主动的或自发的，而且不需要尝试。这就对了，你不必在此时寻思、尝试或努力，以避免获得不一样的感觉和不恰当的行为。你当前的不恰当感觉和行为是自动、自发的，因为你向自动机制输入了新的“记忆内容”（有现实的，也有想象的）。你将发现，这种机制既会自动作用于积极的想法和体验，也会自动作用于消极的想法和体验，而且效果一样。

步骤一：拿出纸和笔，对你打算在“精神画面”中构建、实验、形成和观看的“精神电影”进行简要勾勒和描述。

步骤二：每天腾出30分钟时间，在每天同一时段，找一个安静而隐秘的地方，闭上双眼，进入“影院”，然后开始播放、编辑、再次播放你的“电影”。

步骤三：对电影进行逐步“修改”，以便让片中的“明星”，即你自己的表现完全符合你的预期，并获得你想要的体验和结果。在头十天里，你要努力达到这一目标。

步骤四：在余下的11天里，毫不改动地反复播放并享受这部“电影”。

发现自身独有的潜质 | 第八步

○个性容易辨认，但很难界定。与其说个性是从外界获得的，不如说它是一个人内心的体现。

○不要有意识地努力让他们觉得你好，换句话说，不要只是努力向你想象中的那个“好印象”靠拢，也不要努力换位思考，想象别人怎么看待你。只需展示出最真实的自我。

○这个世界确实需要一定的抑制。

个性美

个性让一个人看起来有魅力，但同时也是个神秘的东西。个性容易辨认，但很难界定。与其说个性是从外界获得的，不如说它是一个人内心的体现。

我们所说的“个性”其实是一种外部的证据，它可以证明我们在上帝那里是一个独一无二的个体自我，是我们真正内心的绽放，或者说，它是我们所说的“对你的真我进行充分的、自由的表达”。每个人身上的这种“真我”都具有很强的吸引力，它像磁石一样。它让我们对自己身边的人产生强大的冲击和影响。我们有时会觉得自己冥冥之中跟一种命运般存在的东西相关联，而它也不知不觉地左右着我们。而另一方面，虚伪的个性则会令人感到憎恶和讨厌。

为什么大家都喜欢婴儿，觉得婴儿可爱？这当然不是因为婴儿会为你做什么、婴儿知道什么，而是因为他们的样子和本性都是天真无邪的。刚刚出生的孩子具有“正个性”，在他们的身上找不到虚假，找不到伪善。他们用自己的语言（当然，大多数时候都是叽叽咕咕的声音或者哭声）来表达他们心中最真实的情感。他们说着自己想说的“话”。从感情上讲，婴儿是诚实的，他们没有谎言和隐藏。这恰恰证实了那句心理学格言——“做真实的自己”。他们对于自我表达没有丝毫的疑惑和不安，他们一点都不内向。

婴儿可以证明，一切的自我抑制都是从自我意象中学来的，而并非天生存在于自我形象中。

每个人都具有那种神秘的、我们称其为“个性”的东西。

说某个人“个性好”的时候，我们其实是在说他们释放的是自己内心的富有创造性的潜力，能够自如地表达他们的“真我”。

“个性不好”和“个性内向”差不多。“个性不好”指的是一个人无法展现自己内心中具有的创新能力。他们把它锁起来、加上镣铐，再把钥匙扔掉。“抑制”这个词，字面的含义是停止、阻止、禁止、制止，具有“内向”个性的人在展示真我的过程中给自己施加了限制。正是出于这样的原因，这种人害怕展示真我，害怕成为真我，于是他们把真我锁在了内心的牢笼当中。抑制的表现可谓是五花八门，如害羞、胆小、有敌意、难为情、过于愧疚、失眠、紧张、烦躁、很难与人相处，等等。

挫折实际上会出现在我们的各个方面，也是个性受到抑制的行为表现。真正的、根本的挫折是无法成为“我们自己”的，也无法让真我得到恰当的展示。但是，这种最基本的挫折很可能会给我们所做的一切带来负面的影响。

没有个性就是抑制

控制科学让我们对内向的个性有了新的看法，为我们指明了通往解除抑制和自由展现的道路，告诉我们如何将自己被禁锢的灵魂从牢笼中解救出来。

伺服机制里的负面反馈其实就等同于批评。负面反馈的意思就是在告诉你："你错了，你离开了正确的道路，你需要一些矫正措施才能让你再次回归到正确的轨道上。"

然而负面反馈的真实目的应该是调整自身的反应、调整前进的道路，而不是让我们停滞不前。

如果负面反馈起到了较为恰当的作用，那么导弹或者鱼雷就会对那些“批评”作出适当的反应，就是可以纠正错误的前进路线，使自己朝着正确的方向进发。

但是，如果伺服机制对于负面反馈过度敏感，那自然就会导致反应过度。它不会持续朝着目标前进，而是沿着侧身的“之”字形前进，或者干脆让自己停下来。

我们体内存在的伺服机制也是按照同样的机理在工作。我们必须先进行合理的负面反馈，才能有目的地行动，才能找到正确的目标并向着它前进，或者在它的引导下攻击目标。

事实上，负面反馈总是在说：“停止你正在做的事情或者你做事的方式吧，做点别的事情。”其目的在于调整反应或者改变前进行为的度，而不是让一切行为都停止下来。负面反馈并不是在说：“停下来！”它说的是“你现在做得不正确”，而不是说“你怎么做都不正确”。

不过，一旦负面反馈过度，或者我们的伺服机制对于负面反馈过度敏感，结果就不是对反应进行合理的调整，而是完全地抑制了反应。

过度的负面反馈等同于抑制。当我们对负面反馈或批评反应过度时，就很可能得出错误的结论，认为我们当前的路线是错误的或者它偏离了正确的航向，甚至连我们向前迈出的每一步都怀疑是不对的。

徒步旅行的人、打猎的人常常把车停在附近有明显标志物的地方，比如一颗方圆几千米范围内都能明显看到的特别高大的树，他们可以通过树找到自己的车。准备驾车返回时，旅行者开始寻找大树（就是“靶子”）并向着它走过去。途中，有时这棵树会脱离他的视野，但是行进路线已经通过行进方向和树所在的位置进行过比对并来回检验过了。如果路线在树的偏右15度方向，那么旅行者所作的前进行为就应该是错误的。那么此时他就要立刻纠正路线，然后再次朝着树走过去。

可是，我们许多人却经常得出一些愚蠢的结论。当有迹象显示我们的表达方式偏离了正确的路线，找不到标志物或者“不正确”的时候，我们就错误地下了结论，认为自我表达本身就是不正确的，或者认为成功（到达目标的树）对于我们来说是不正确的。

过度的负面反馈具有干扰或者完全中止正确反应的作用，这点我们在心中一定不要被忽视。

口吃是抑制的产物

口吃的形成就可以很好地证明过度负面反馈是怎样抑制和妨碍我们作出正确反应的。

可能大多数人从来没有清醒地意识到这一事实：说话的时候，我们通过双耳聆听自己的声音，“监视”声音的音调、音量等信息，从而实现负面反馈数据的接收。为何全聋的人很难把话说好？因为他们无从得知自己发出的声音是尖叫、大喊还是一些没有意义的音节。“聋哑人”往往都是因为失聪而导致无法说话的，先天耳聋的人在没有专业人员指导的情况下根本学不会说话。当你得了重感冒或者耳朵炎症导致暂时性失聪时，如果你想唱歌，你会发现自己根本无法跟上伴奏的节拍，或者不能跟别人合唱。

因此，负面反馈本身并不是说话的障碍或阻碍，恰恰相反，它能使我们更加正确地说话。学外语的时候，老师会建议我们把自己的发音用磁带录下来，然后认真地聆听、比对，以此作为提高发音、吐字等技巧的方法。我们这样做就可以发现自己说话时有哪些错误，而这些错误以前我们从未注意过。我们只有清晰地知道自己做错了什么时，才能够从根本上进行纠正和克服。

然而，想要负面反馈更有效地帮我们把话说好，就必须：第一，让它具有自主性或潜意识性；第二，负面反馈应当自由地发挥作用，或者在我们说话时自动发生；第三，对于反馈的反应不应该敏感到产生抑制作用。

如果我们下意识地过分苛求自己的发音，或者事先做过如何避免发音错误的练习，而不是真正自如地发音并作出反应，那么我们就很可能产生口吃的现象。

如果口吃者的过度反馈能够减缓一些，或者这些反馈可以自发地发生而不是事先将它预料好，那么语言技能就会很快得到提高。

录像带为致力于改善交流效果的人提供了一种非常有帮助的反馈手段。背部按摩医师和牙科医生有时会录制视频，在视频中他们向病人介绍他们的治疗手段和理疗过程，并让咨询人员扮演不相信治疗效果的病人。然后反复播放视频进行研究。专业的推销人士也会采取这种方式来进行练习，主持人、演讲家、政治家和他们的发言指导人都会采取相同的办法。通过观看高尔夫球挥杆动作的录像并做一些分析和探讨，可以给高尔夫球运动员更好的指导。同样地，足球等体育运动的运动员也会在比赛或训练之后反复观看录影带来帮助自己提高运动竞技水平。只有看着录影带研究，才可以摆脱每个错误和缺点的困扰，而且当观察者聚精会神地进行“路线修正”时，这种方法才会非常奏效。

在接收这种反馈，仔细观察并分析录影带中看到的表现的目的中，还有一点是许多人都没有充分认识到的，那就是要辨认出、聚焦、牢记运动员的积极表现，而不是一直盯着消极表现。相对而言，这更加重要，更加有用。

我们一定要注意到，千万不要一味地强调录像中体现出来的某个缺点，以至于伺服机制会潜移默化地把它当作目标而加以接受。也许你在想起那个古老的精神假象时，可以回忆起这一点：让某人闭上眼睛一分钟，让他们在脑子里只想象一头身穿拳击短裤的粉红色大象，在穿着溜冰鞋跳舞。哪种心像会在脑中占据支配地位呢？最好不要为自己制造一头“粉红色大象”，也不要让指导者为你制造，而是在想象的时候临时构思。

英国的切利博士在英国科学杂志《自然》上发表文章说，他相信，口吃是由“过度监视”引发的。为了验证这一理论，他为25名严重口吃的人配备了耳机。借助耳机的效果，当这些人说话时，耳机里发出的响声盖过了他们自己的声音。在要求这些测试者在这种条件下大声朗读一篇准备好的文章时（此时没有了自我批评），测试者的说话效果得到了显著的提高。另一群严重口吃者的测试者则接受“跟读”训练，即让一个人朗读广播或电视中的某篇文章或声音，测试者尽可能跟上他的节奏，努力“模仿前者说话”。经过短暂的练习之后，口吃者已经能够轻松地跟读，其中多数人在这种条件下也能够正常地、正确地说话了。因为这种条件下，没有人批评测试者语言技能进步缓慢，逼着他们自然地说话，或者迫使他们的发言和“矫正”过程同步。对跟读技巧进行进一步训练，可以使口吃者“学会”怎样在任何时候都能正确说话，从而向他们的内在心理宣布：以前他们所相信的“真理”（“我是个口吃者”）其实是不成立的。

一旦过度负面反馈或自我批评消除，抑制随之消失，口吃者的表现也进步了。没有了担忧，在说话之前没有了过多的顾虑，口吃者的表达能力就会立即提高。这也为我们找到在其他领域摆脱或释放禁锢的个性、改善表现的方法提供了一条宝贵的线索。

过于谨慎更容易出错

你是否有穿针引线的经历？你是否有这样的体验，当你每次想把针从狭小的开口处穿过时，你的手就会莫名其妙地颤抖，导致线穿不过去。

试着把某种液体倒进细口瓶中，也会出现类似的结果。你倒液体的手本来可以控制得非常稳，然而，不知道是怎么回事，之后你却抖动和颤动得厉害。

这样的情况，医学上称之为“目的震颤”。

一个正常人，在实现某个目的时，如果过于努力或过于谨慎以避免犯错，也会出现类似的情况。在特定的病理条件下（如大脑的某些部位受了伤），目的震颤可能变得非常明显。比如，一个目的震颤病人在没有做任何事情的企图时，也许能使自己的手保持平稳。但如果让他把一把钥匙插进门锁，他的手就会来回曲折前进，不停地抖动，距离偏差能达到6~10英寸。在打算签名之前，他也许能将钢笔牢牢地握在手里。但是一到让他签名时，他的手就会无法控制地颤抖。如果他觉得难为情，或者为了在陌生人面前不犯错误而变得更加“谨慎”，甚至可能根本写不出自己的名字来。这些人都可以通过一定的放松技巧的训练来摆脱这种窘境。通过放松练习，他们能学会如何从过度的努力和对目标的紧盯中解脱出来。过度谨慎（或者说对于不犯错误过于急切）是一种过度负面反馈的形式。在口吃者的例子中，由于口吃者过于对可能出现的错误有所预料，而且对不犯错误特别介意，所以，结果只能是抑制或恶化了自己的表现。过度谨慎和焦虑是一对亲戚，他们都与过于介意可能的失败、过于在乎做错事以及过于有意识地强调把事情做对有关。

亨利·沃德·比彻说：“我不喜欢这些冷酷、精准、完美的人，因为他们为了不说错话而三缄其口，为了不做错事而从不实践。”

一位智商一流、持有大学文凭的才子决心“下海”做生意。有朋友建议他炒股票，他豪气冲天，但去办股东卡时，他犹豫道：“炒股有风险啊，等等看。”又有朋友建议他到夜校兼职讲课，他很有兴趣，但快到上课了，他又犹豫了：“讲一堂课才20块钱，没有什么意思。”他很有天分，却一直在犹豫中度过。两三年了，一直没有“下”过海，碌碌无为。一天，这位“犹豫先生”到乡间探亲，路过一片苹果园，望见的都是长势喜人的苹果树。他禁不住感叹道：“上帝赐予了这个主人一块多么肥沃的土地啊！”种树人听到了，对他说：“那你就来看看这个主人是怎样在这里耕耘的吧。”

世界上有很多人光说不做，总在犹豫；有不少人只做不说，总在耕耘。成功与收获总是光顾有了成功的方法并且付诸行动的人。过分谨慎和粗心大意一样糟糕。如果你希望别人对你有信心，你就必须用令人信赖的方式表现自己。过度慎重而不敢尝试任何新的事物，对你的成就所造成的伤害，就像不经任何考虑就执行突发的想法一样严重。没游过泳的人站在水边，没跳过伞的人站在机舱门口，都是越想越害怕，人处于不利境地时也是这样。治疗恐惧的办法就是行动，毫不犹豫地去做。再聪明的人，也要有积极的行动。

不要活在别人的世界里

很多人都在意别人怎么看待自己，这样就会变得过于谨慎，甚至像是在取悦别人。如果你对别人或真或假的负面评价反应过大，那么就会过度地抑制自己，不能尽情地施展才华，表现得连自己都不满意，形成一个恶性循环。这时你可能会说，没人对我做出不好的评价。但即使是这样，你自己依然会有意识地监视自己的行为，试图为自己的每一个动作、表情做出评判，这样也就造成内向、害羞的性格。你非常想给别人留下一个好印象，但是面对别人的时候，却畏首畏尾生怕自己哪一步做得不得体，从而压制自己的想法，不能让自动成功机制顺利运转，最终只能给别人留下十分糟糕的印象。当你想给别人留下一个好印象的时候，就不要刻意地关注自己每一个表情、神态、举止。不要有意识地努力让他们觉得你好，换句话说，不要只是努力向你想象中的那个“好印象”靠拢，也不要努力换位思考，想象别人怎么看待你。只需展示出最真实的自我。特蕾西就是这样一个人，她说她第一次走进大学时感到难为情，这个来自乡下的姑娘时刻认为自己着装不得体，觉得自己说话有口音，声音可能有点大，甚至走路的姿势都显得很蠢。尤其是迎面走来一群说说笑笑的大学同学时，她深深地感到痛苦，于是避免与人碰面，尽量不打招呼。因为她觉得每个人都在嘲笑她、评论她、挑剔她。她自己都为自己的行为感到可耻，为什么会这样胆怯呢？在高中时她学习过芭蕾舞，她知道自己走路的姿势不仅不笨拙，甚至可能很优雅，但是为什么在高中的时候没有现在的感觉呢？后来特蕾西说，她在高中时，从来没想过这么多。根本不在意路人怎么看自己，也懒得琢磨自己每个动作是不是得体。那时候她并不介意别人怎么看，只是尽可能地放松自己，不会考虑这些问题。直到有一天，特蕾西收到了一封信，那是来自一位男同学的信。信上说，他从未见过如此优雅但是孤独的女孩，他被这个神秘的女孩深深地吸引了，他敢保证所有见过特蕾西的男孩都忍不住在心里默默地赞美和欣赏她。特蕾西非常惊讶和开心，由此她知道了自己并不是自己想象的那样，甚至比别的女孩更有魅力。后来她慢慢变得开朗和活泼。她的同学们一定认为她更加优雅了。特蕾西后来每天都提醒自己，就像在家乡一样，每天面对的是自己的父母和熟悉的同学，开心地去和每一个人分享快乐吧。这时候就不会再想别人会怎么看她，在公共场合再也不会变得难为情了。

这种不受陌生人或陌生环境影响、完全无视一切未知和无法预料事件的心态，其实有一种说法，叫作“镇定”。

不要活在别人的言论里

1998年11月4日，经验丰富、行事老到的政治家，绰号“带头人”的明尼苏达司法部部长汉弗莱（前美国副总统休伯特·汉弗莱的儿子）和圣保罗市市长诺曼·科尔曼惊奇地发现，他们的对手杰西·文图拉（绰号“本体”）在州长竞选中击败了他们，并且马上就要入主州长官邸了。这位竞选前普遍不被大众和媒体看好的第三候选人之所以出名，并不是因为自己有多么崇高的追求，而是因为他火暴的脾气和做过职业摔跤手的经历。但正是这位竞选时没有多少资源可以利用的候选人，却赢得了37%的选票——这足以使他在仅有三位候选人参加、竞争异常残酷的州长竞选中获胜。到底是什么使得杰西·文图拉认为他有信心可以击败民主党和共和党这两位德高望重、老谋深算的候选人呢?

如果曾经有人问你“是什么使你认为自己可以成功?”你也许会从杰西·文图拉居于下风时绝地反击的胜利中获得某种满足。我们经常被别人问及这个问题，而提问者则通常是一直以来保护我们和培养了我们的人。他们的疑问一般情况下是出于对我们的幸福的发自内心的关心，但有时候则更多的是关心他们自己——无论是哪一种情况都无所谓，因为两种情况的负面影响是一样的。

我读书的时候，非常喜欢篮球运动，因此我申请加入学校篮球队。当时除了我父亲，我身边没有一个人不是反复地问我：“你为什么要打篮球?”“要知道你个子并不高，其实你踢足球也许更适合”“你为什么觉得你一定能成功呢”，等等。我要感谢我的父亲，因为他从未表达过这样的疑虑，他只是笑着告诉我：“儿子，照着你想的去做，只要下定决心，一切都能成功。”这是对我最大的安慰和鼓励，但是至于他是否在私下对我有过怀疑，或者担心我可能遭遇失败而要面对别人的冷嘲热讽，我无从知晓，不过我很高兴我当时没有这样想，我也全然不知道。后来我顺利加入了校篮球队，成为一名中锋。我想很多人都有过类似的经历，当你决定去做某件自己喜欢的事情时，旁边就会有人问你为什么这么做，或者给你各种阻挠。如果恰好你足够幸运，没有接受他们的支配，无论他们对你产生过多大的疑虑，你都能获得成功。自我意象是最宝贵的财富，它完全属于你，并且会时刻提醒你：无论做任何事，只要你下定决心去做，就一定能做成。在事情决定的一开始，也许你是兴致勃勃，准备展露拳脚大干一场的，但是遭到了家人、朋友的怀疑和批评，并且不幸的是你接受了他们的支配，那么最终事情没有做成，还增加了对自己的怀疑——认为自己所有决心都是毫无意义的。

倾听内心的声音

心理学专家纳撒尼尔·布兰登博士 1994 年在《自尊的六大支柱》中，将自尊定义为“我们为自己挣来的名声”。

爱因斯坦 4 岁学会走路，7 岁才识字，在学校读书的时候是老师和同学眼中的“笨蛋”，长大后还因为对数学一窍不通而被同事嘲笑，后来又被当成“空想家”。如果现在有个这样的孩子，很可能被诊断为弱智和儿童多动症，需要长期治疗。但是这并没有阻碍他走向成功。为什么这样一个被人看作“脑子不灵光”的人却找到了属于自己的人生，过上了充实的生活呢？很多人都有或多或少的类似经历，而且我相信大部分人都没有爱因斯坦受到的非议多。无论在哪里，他们的坏名声都比他本人的影响还大，这成为他们非常现实的阻碍，甚至很长一段时间都难以消除。之所以这样，是因为这些“坏名声”已经深深地植入大脑，成为他们对自己的评价，能否对这些评价和非议置之不理，直接影响了他能否坚持下去。就像我们看到一个罪犯的时候，往往会看看他的过往，有没有“前科”，要知道犯过罪的人再次犯罪的比例非常大，但好在并不是100%。有些人确实犯过罪，但是他们能够从过去的阴影中走出来，纵使他们在监狱里度过了一段时间，但这段监狱生活并没有使他对自己的评价更坏，而是引发他对自身的思考，从中走出来，抛弃过去，重塑未来。别人的想法我们不能控制，别人的非议也不能掩盖我们过去犯的错误，因为不了解甚至会对我们犯的错有更深的误解，如果不能忽略这些误解和看法，它们会加深我们的错误，甚至阻碍我们未来走向成功。所以，除了通过时间和行动来证明自己，我们毫无选择。不过我们根本不用接受他人的成见，要知道这世上最了解我们的，无非是我们自己。他们的成见未必合理、客观。如果用一些错误的想法阻碍了我们自己，没有比这更愚蠢的了。所以我们要做的是，过好今天，无愧于今天。

时刻记住：世界是平的

这个世界上，有无数的人因为受到抑制而不能获得成功和幸福，如果你也是这样，那么就需要有意识地改变这种状态。想一想你为什么会抑制自己呢，就是因为做事的时候太过认真、太过担心、太过在意了。

不要老是想好了再做出决定，而是先说出口再去想，不想各种结果的可能，而是直接去做。这时候，大多数备受抑制的人，尤其是那些受到严重抑制的人都会说：“如果这样，人类为什么还要有脑子，这样和动物根本无异。如果对什么事情都不思考、不在乎、不担心，我们生活还有什么意义？这个世界是需要一定抑制的，否则抢劫杀人也不会算是违法的了。如果我们在表达自己内心看法的时候，有人流露出不屑的神情，我们也会直接一拳打过去了。”

是的，说得没错。这个世界确实需要一定的抑制。需要抑制来做什么呢？对，维持平衡。就像一个天平，两方都不能过重。抑制和放纵就是天平的两端，世界需要一定的抑制，而不是绝对的抑制。就像一个得了暴食症，胃快要被撑破的人，却说人体是需要食物补充能量的，没有食物根本活不下去。人是需要食物的，但是如果食物多到威胁人的生命，那么食物本来的意义就没有了，这跟我们生活中的抑制是一样的。一些由于过度抑制而患口吃的人是被什么困惑呢？其实也就是道德压力、过度负面反馈、自我批评以及不自信。如果有人试图提醒他们要适时地忘记这些不好的想法，他们依然会以“我什么都做不到”来作为答复。他们甚至会举出一系列的例子来反驳别人的帮助，证明自己确实是“一无是处”的，他为自己和对方证明自己的一切负面想法都是有根据、有意义的。但是在这个过程中，他没有意识到，长篇阔论的时候自己一点都不口吃了，这听起来似乎很滑稽，但事实确实是这样的。

解除抑制并不是无路可走的，有的人说，性格内向、忧郁、容易急躁的人口吃的毛病改不了。就像前文提到的一样，这个世界需要的是一定的抑制，而不是绝对的抑制，抑制的作用是保持平衡。暴食症的人会被治疗恢复到普通的食量，厌食症的人也会被治疗提高食欲，一根琴弦太紧会被绷断，太松了又无法发出声音……诸如此类。这并不是非善即恶的问题，暴食与厌食、琴弦的松与紧都是像太阳一样真实客观存在的，没有好坏之分。治疗的药物，就是拧好琴弦的力道，紧了就拧松，松了就拧紧。也就是说往相反的方向调整。对于抑制，要想获得一个平衡的状态，调整的方案就是“增加抑制”或“解除抑制”，并且要注重调整的手法，矫枉过正会使抑制走向另一个极端。

在此之前，我们先要确定需要的调整方式是“增加抑制”还是“解除抑制”，可以通过以下几个标准来判断：如果你总是因为过于自信而麻烦不断；如果你总是习惯性地做出一般人不敢做的事情；如果你经常因为冲动和草率而陷入孤立无援的境地；如果你总是先做事后反思；如果你总是不愿意承认自己的错误；如果你总是说话声音大，喜欢给自己找各种理由……那么你可能是抑制过少，你需要做的是在做事之前多考虑后果，变得更加小心谨慎。不过大多数人并不是这样的。如果你不是这样，请接着往下看：如果你面对陌生人会觉得很害羞；如果你对新环境感到无所适从；如果你老觉得紧张忧虑；如果你肌肉总是紧绷；如果你失眠；如果你总是畏畏缩缩不敢放手去拼……如果你符合以上这些，这表明你是抑制过多。你在做任何事的时候都会太在意、太小心，计划太周密。我相信很多人都是如此，这时候我开出的药方是，往相反的方向解除抑制。

第九步 你修炼成功了吗

○好的性格就是一种让你能够对现实生活有理性的、恰当的反应的一种性格，它能帮助你完成目标，使你的生活更加幸福、充实。

○判断一个人未来能否获得成功的关键因素其实不是智商，而是自我意象的状态。退一步讲，智商在成年以后，还是可以提高的，也就是说它的作用并不是决定性的。

○如果一个人无法实现自我接受，那么任何成功或者幸福都不可能获得，或者即使获得了一些在别人眼里的成就，他们也无法感知，或者干脆忽略掉了，他们是世界上最悲惨和痛苦的人。

你成功了吗

失败和成功是可以像疾病一样被诊断的，而且这是非常有必要的，因为我们往往不能客观地评论自己。每个人是否能够较轻松地取得成功，似乎是一个经久不衰的课题。我发现想要使人们养成某种适于成功的习惯或者个性，最直接简单的方法就是先为他描绘一种生动的形态，上面明确地描绘出成功性格是什么样的等。前文讲过，我们每个人身上都存在着自动成功机制，要想启动它，就必须告诉它明确的目标。我想我们当中每个人都不愿过自甘堕落的生活，我们都希望在生活中不断实现自我提高，并且获得更好的性格。但是要问我们想在哪一方面提高，提高到什么程度，却往往没有明确的答案，当然也就不知道所谓好的性格到底是好在哪里，怎么获得。其实，好的性格就是一种让你能够对现实生活有理性的、恰当的反应的一种性格，它能帮助你完成目标，使你的生活更加幸福、充实。

我不止一次地发现，很多被苦恼困惑着的人们在面对某个目标的时候会迷失自我，找不到继续前进的方向。比如我曾经见过一个在领导手下努力工作的年轻人终于得到了提拔，但是面对着需要独自崭露头角的舞台时，他却变得胆怯、畏畏缩缩，甚至开始怀疑自己。这时候，我们需要学会的是在人生被赋予新的使命，成为一个新的角色时，树立新的自我意象。这个局促不安的小伙子找到了我，“我真是不知道怎么办，”他说，“我以前那么努力拼命地工作，不就是为了得到今天的提拔吗，而且那时候我还对自己的工作有非常好的憧憬。那时候我想，如果有一天能得到提拔，我一定会努力工作，新岗位上我干得一定更好。可是这一天终于到来时，为什么我却突然没有了信心。我现在是一个经理人，却没有做职员时的信念，我真是太没用了。有时候我觉得我这样一个小矮子，凭什么会成为一个成功的经理人？”

这个可怜的小伙子对自己的身高太敏感了，不太高的身高是使他陷入不安的原因。小伙子在晋升之后的日子里，觉得父母和女朋友“简直太不可理喻了”，父母总是为一点小事而唠叨个不停，以至于每天回家以后他都把自己关在房间，不想跟父母多说一句话，女朋友的安慰也被他视为“不理解”。小伙子单独待一会儿就冷静下来，他对我说：“父母确实是关心我的，他们无微不至。我的女朋友也很温柔，看我不开心总是想为我分担忧愁。往往发火之后我就陷入自责。”不难发现，这个可怜的小伙子是众多不能在建立新角色时树立全新自我意象的人之一。这些烦恼并不在于他们“个子不高”，或者别的外表因素，而在于它们的自我意象。他们进入一个新角色的时候，无法确信自己能演好这个角色和最终成为什么样的人。也就是说，他们针对新的人生，没有形成新的人生企划。

描绘成功

关于成功的模样，我相信每个人都试着想描绘出来，我发现关于成功的性格特点，非常全面地包含在“成功”（success）这个单词的每一个字母中。成功型性格由以下要素组成：

S（方位感，Sense of direction）

U（理解，Understanding）

C（勇气，Courage）

C（宽容/同情，Charity / Compassion）

E（尊重，Esteem）

S（自信，Self-confidence）

S（自我接受，Self-acceptance）

方位感

一位销售主管茫然失措，但他一旦清楚认识到好几年来他想实现的强烈的个人目标（包括他希望得到当前这个职位）一直在激励他这一事实，就能在很短时间内重拾自信。这些对他而言非常重要的目标，能使他始终不偏离正确的前进轨道。然而，一旦获得提升，他好像就不再记得自己真正想要的是什么，而是根据别人对他有何期望，他能否达到别人为他设定的目标和标准来思考问题。他就像一个攀登高峰的人，向上仰视即将攀登的顶峰就会感到无畏，行动也就勇敢，但一旦到达顶峰，他就开始向下看，心里也害怕起来。他目前的目标是保住当前职位，而不是像目标追求者那样继续保持进攻状态。如果为自己设定新目标，并开始按照这些问题思考，如“我想从这一职位得到什么？我想实现什么目标？我应该朝哪个方向奋斗？”他就会重新获得新的方向和控制能力。

中国有句老话，逆水行舟不进则退。如果不能前行，那就意味着要后退。上帝赋予了我们每个人自动成功的机制，我们天生就拥有克服困难环境、解决各种问题的能力。如果我们的生活中没有挫折阻碍，那我们就没有目标和追求，也就无法在人生道路上获得真正的快乐和满足。试着回忆一下你以前获得成功时的心情吧，说人生没意思的人，我想他们大多是没有给自己一个明确的方向，有了方向，人生自然会进入一个全新的阶段。

理解

理解来源于良好的沟通和交流。就像一台仪器或者计算机一样，交流对于人类来说也是至关重要的。如果你接受到的行为依据也就是信息是错误的，或者你干脆不知道、不了解这些信息，那么就不能做出恰当的反应。大多数情况下“混乱”是走向痛苦深渊的开端。所以想要有效地解决某个问题，就必须对问题的本质有深入的了解，想想看，我们在与人交往的过程中很多隔阂都是由于误解所致。我们总是以自己的想法来揣测他人，面对同一个问题时，认为别人的反应跟我们别无二致。但是任何人面对事情的反应都不是由事情本身形成的，而是由他们独特的自我意象形成的。所以当我们因为别人的想法与我们不一样而感到沮丧、疑惑时，别人也丝毫不是出于恶意，而是由于对同一局面的“理解”与我们不一样。他们只不过是对自己看到的事实作出自己认为恰当的反应而已。如果固执地断定别人不同的看法是出于恶意或者是对自己的攻击，将会让我们的人际关系陷入困境。如果想在与人交往过程中取得相对和谐的关系，不妨站在他人的角度试着问问自己“如果是他，我会怎么看？”“她对这个问题怎么理解？”停止攻击性的猜测和怀疑。事实上，很多时候主观看法和事实掺杂在一起，会得出错误的结论，我们会因此陷入混乱。比如，事实是：一个孩子把房间弄得乱糟糟；他母亲的看法是：他一定是看我还不够忙，故意激怒我。事实是：路人在经过你时轻轻咳嗽了一声；你的看法是：难道我见过他？我招惹过他吗？事实是：两个女孩在饭桌上说说笑笑；你的看法是：这两个孩子丝毫不尊重别人。诸如此类的事例真的太多了，我敢保证我们每个人都有这样的经历，说起来三天三夜都说不完。但是如果我们认识到这些看似惹人讨厌的行为并不是心存故意，也丝毫没有冒犯你的意思，我们就感受不到自己想象中的“侮辱”。如果想停止这种“侮辱”就必须停止这些错误的想法，客观地看事实，恰当地做出反应。这就要我们做到愿意并且敢于面对事实的真相。有时候我们用自己的想法来思考别人，往往我们的想法包含了恐惧、焦虑、鄙夷，等等。这又使我们陷入了自己“侮辱”自己的险境。想要有效地应对环境，就必须愿意承认与环境有关的事实。不管事实是好是坏，我们都应该看清它，从而做出恰当的反应。

勇气

拥有目标、理解形势还不够。你还要有行动的勇气，因为目标、愿望和信念只有通过行动才能变成现实。

美国海军将领威廉·F.哈尔西的个人格言引用了纳尔逊的话，“如果一位船长把自己的船靠在敌人某只船旁边，那么他犯再大的错误也错不到哪儿去。”哈尔西说：“‘最佳防守就是猛烈进攻’是一条军事原则，但是其应用范围远远不限于战争领域。只要你在面临问题时不逃避，勇敢面对，那么一切问题，无论是个人问题、国家问题，还是斗争，在你面前都会显得渺小。”

你怎样才能在人生中更加勇敢无畏？心理控制理论有能力回答这个问题。当你强化自我意象并懂得“我身上的缺点不是我的错”时，你会发现，合理的冒险就变得极为简单，虽然它可能暂时显得滑稽和愚蠢。当你在工作场合阐述观点时，怎样才能显得更果断、更有说服力？当你在客户面前把想要推销的产品介绍完毕时，怎样才能明确无误、果断自信地得到一份订单？怎样做到在一直相信自己“走路顺拐”的情况下，还能自信地步入舞池？当你获得充沛的勇气就意味着你拥有了更平和的心境。任何人、任何年龄都有“重生”的机会，这完全取决于你是否勇敢，是否拥有一个宁折不弯、百折不挠的自我意象。

智商是不确定性的

很多年以来，智商一直是学术界和思想界讨论的焦点。事实上它的作用是预先确定一个人在人生道路上能够走多远。但是我们现在要说的是，判断一个人未来能否获得成功的关键因素其实不是智商，而是自我意象的状态。退一步讲，智商在成年以后，还是可以提高的，也就是说它的作用并不是决定性的。

1967 年来，一位名叫保罗·斯托尔茨博士的管理顾问一直在研究人怎样应对逆境。人们面对逆境时的反应方式，即面对挫折、摆脱困境和超越困难的能力就是逆商。它是自我的一部分，或者说体现了自我意象的形成，是可以通过科学的眼光来衡量的。斯托尔茨博士说，随着人步入社会时面临越来越多的困境，拥有高逆商显得非常重要。他通过调查，来确定人们每天要面对的负面事件有多少，这些事件包括航班推迟、在公共场所出丑、某个老客户突然撕毁合同不再合作等，这些负面事件的数量是逐年递增的。通过研究，斯托尔茨博士说高逆商的人往往具有三个特征。

(1) 他们在遇到逆境或挫折时不将责任归咎于别人。

(2) 他们不自责，不会将出现的挫折看成是自身无能的表现。

(3) 他们相信自己面临的问题在程度和持续时间上都有限，而且可以应对。

刚才我们说取得成功的关键是逆商而不是智商。我们从能否成功的角度分析以上 3 个特点，可以说成功的性格是运转自动成功机制的开关。你想提高自己的逆商吗？我猜绝大部分人的答案是肯定的。现在很多学校、公司都开设了这门专业提供提高逆商训练技巧的课程，来帮助孩子们和员工们更有效地获得成功。其中有一项重要内容是，为那些自认为逆商低的人减轻负担，这种人往往会在情绪上表现得无助、自我批判、感觉事情无法解决、容易自责和愧疚。从另一个角度上说，这种方法其实就是强化自我意象。释放压力、减轻负担的过程其实就是强化自我意象的过程，只不过这个课程是从另一个角度出发的，即不“加强”，先“释放”，效果也是非常明显的。这种方法从精神学角度观察时也同样适用：有的人在面临一些事情的时候，哪怕只是一点点小事，他就因此觉得自己的现实太困难，问题无法解决；自己太愚蠢，同时感到很无助；对一点点小错误感到羞愧，责备自己无能，同时把一切困境的原因归咎于环境、别人或者上天。但是有一些人在面临更艰苦的困境的时候，却谨遵上面三条高逆商的标准去做。他们愿意积极地思考现实的问题出在哪里，学习新的知识和经验来武装自己，尽全力改变现实的困境，并且有意识地坚持实践活动而不是轻言放弃。比如，据我观察，伊丽莎白·泰勒就具备高逆商。伊丽莎白·泰勒好几次与死亡擦肩而过，做过多次医疗手术，包括臀部置换外科手术，她曾先后两次在贝蒂·福特诊所戒除恶习，之后才将康复情况稳定下来。然而，她却始终信心百倍地为保持美貌、优雅和幽默感而奋斗。她坚持在娱乐界（直到2000年还在拍电视片）、商界（曾与一家成功的香水公司做生意）打拼，做慈善工作（成立了第一个为进行艾滋病研究大规模筹款的基金会）时也一直很活跃。伊丽莎白·泰勒是史上第一个片酬达到百万美元的演员，一度成为好莱坞女王，两次获得奥斯卡金像奖。

最可怕的怀疑是怀疑自己

有人说，最可怕的怀疑就是怀疑自己。是的，在人生的所有陷阱中，最要命、最难以克服的险境就是自己不相信自己、自己看不起自己。造成这些情况的根源完全是我们自己。通常我们会以“我做不成”或者“我完全没用”来为自己开脱。陷入自我怀疑的陷阱，这会产生巨大影响。从个人角度讲，它会使你失去物质奖励，从社会角度看，它会阻挡社会前进的车轮。

当我们面对似乎不可能完成的任务时，就会怀疑自己，觉得自己不适合去完成本应完成的任务。这时候我们不恰恰就是别人认为最难相处的人吗？我们应该明白，过低评价自己不是美德，而是一种罪恶。上帝赋予我们每个人优点和不足，对谁都是公平的。往往忌妒是导致许多婚姻破裂的罪魁祸首，这种心理大多是由婚姻的一方疑神疑鬼所造成的。而真正具备正确自尊心理的人对别人是不会有敌视感的，他们相信自己，不急于向别人证明一切，他们能更清醒地看到事实，向别人提出要求时，也会不卑不亢，不过分渴求。自我怀疑是看不见的，它会逐渐吞噬你的自我意象，就像癌细胞侵蚀人体器官一样。

我们内心的“我”，其实是最强大的对手，每当我们开始怀疑自己时，都会听到它厉声地呼叫。它是一个我们的敌人，总是试图让我们远离真正的自我，更让我们远离人群，变得郁郁寡欢。但是神奇的是，当你的内心没有敌人时，外界的敌人也变得没那么强大了。事实上是你内心在把现实的敌人夸大了。我们内心里住着的“我”，其实是潜藏在我们内心的批评家，这个批评家擅长忘记快乐，会让我们变得自我排斥，失去自尊和内心的评价。它的影响力远远大于我们现实生活中面对的任何批评家。比如说，作为一个精明的公司总裁，想要事业发达，就必须善于倾听他人的意见。但是在听取别人的意见时，也应该小心谨慎地判断哪条意见会干扰内心，哪条意见会帮助他。这就要看这些意见是以什么事实为基础。同时还要聆听内心的声音，从而谨慎运用。当住在我们内心的批评家开始不断提醒你小看自己的时候，你应该斩钉截铁地告诉自己，打住！不要再听信它！把这个批评家彻底封锁在阴暗的角落，你因为它怀疑你自己，所以必须受到惩罚。

心灵处方

不要老是迫使自己跟偶像的标准比较，这种不公平的比较，会在脑子里装着这样一幅心像：我不如别人那么能干。要为自己的胜利而欢庆（无论胜利大小），承认并培养自己的力量，不断提醒自己：我身上的缺点不是我的错。

“尊重”这个词的字面意思是指欣赏有价值的事物和人。为什么人们在敬畏星星、月亮、浩瀚海洋、花朵和夕阳的同时，却要看轻自己呢？难道创造我们和它们的不是同一个造物主？难道人不是天地间最神奇的创造物？这种对自身价值的欣赏并非自大，除非你认为是你创造了它们、是你付出了创造的部分功劳。不要仅仅因为你没有正确使用某种产品，就小看它的价值。不要幼稚地因为自己的过错而指责产品，就像学校里的学生指责“打字机不会拼写”一样。

但是，自尊最大的奥秘在于：开始更多地欣赏别人，向任何人都显示你的尊重。不为别的，因为他们是上帝的孩子，因此是有价值的存在。与人打交道时，停下来想一想，你是在与造物主最得意、最独特的创造个体交往。如果你对待他人时头脑中认为他们有价值，那么你的自尊便能迅速得到提升。因为真正的自尊并非源于你做了什么大事、有什么东西、取得了什么成绩。而是源于你对自我的一种欣赏，因为你是上帝的孩子。不过，当你开始意识到这一点时，必然也会得出这样的结论：出于同样的原因，所有其他人都应该受到欣赏。

最成功的成功是接受自己

在后来被改编成热销电影《天才雷普利》的图书中，主人公是个饱受痛苦、性格复杂而又自卑的年轻人，生活得很不快乐，不愿意接受自我，同时又忌妒别人，以至于杀害了另一位生活更富有的人，还想取代他进入对方的生活，甚至冒充死者与其女友和家人交往。值得庆幸的是，现实社会里几乎没有这样缺乏自我接受到如此残暴和反社会的人。但是我们不得不说艺术来源于生活，缺乏自我接受的人数量还是非常巨大的。现实生活中，这样的人往往是通过自我排斥进而折磨自己，甚至慢性自杀（例如吸毒、酗酒，或者意志消沉终日活在自己造就的黑暗里），这种活在“平静的绝望”里的人太多了。

如果一个人无法实现自我接受，那么任何成功或者幸福都不可能获得，或者即使获得了一些在别人眼里的成就，他们也无法感知，或者干脆忽略掉了，他们是世界上最悲惨和痛苦的人。往往他们的内心世界是在不断地说服自己和他人相信：我没有你们想象得那么好，我其实一无是处。这个说服的过程是自我折磨和自我排斥的过程，当他们终于卸下伪装，愿意回归本来面目时，才能获得真正意义上的解脱，但是这对于他们来说很难。其实他们一直不曾意识到，当你竭尽全力想成为某个偶像那样时，往往成功会渐行渐远，但是当你卸下包袱，回归原本的自己，快乐和成功也会接踵而至。造物主赋予了你成功的可能，原本的你就是现在的你，也就是你一直以来想要成为的你，成功的画面里也是现在的你。简言之，成功的第一步是改变自我意象，但是改变自我意象并不意味着要改变自己。为什么现在没有取得成功？其根源在于你没有接受自我，而是在想象自己成为某一个已成功的偶像。要想改变自我意象，就要改变自己的心像、对自己的评价和定义以及对自己的认识。完成这一系列改变之后，成功就水到渠成了，因为此时的成功是自我实现和自我揭示。

你不能创造一个新的自我，无法改变自我，如果强迫自己做到这些，会令你陷入痛苦。你能做的是改变对自己的看法，获得真我的心像，从而最大限度地释放自我能量。大多数情况下，别人对我们的认识，要比自己对自己的认识更好、更睿智、更强大、更成功。所以时刻记住，当你有了自我排斥的想法时，要告诉自己："我自己并没有想象中那么糟。"树立恰当的自我意象，并不是要求你突破自身的局限，获得更高的技能，而是让你轻松地释放原本属于自己的能量。我们可以在一周内形成一个新的习惯，在一年内改变处理事情的态度，但是不能改变"本我"。习惯、态度、个性是一种工具、一条途径，或者说是自我的一个表现，我们通常是以它们来面对物质世界的。习惯、态度、个性是所有已知技能的总和，它们是我们连通世界的一种形式。事实上，造物主赋予了我们每个人缺点和优点——换句话说，你认为的缺点也并不一定是缺点，从某些程度上说它们甚至可以转换为优点。我们身上所具备的所有特点是上帝的恩赐，我们要学着接受，接受现在的"我"、原本的"我"。自我接受不仅意味着我们要接受财富和力量，更重要的是接受我们自身存在的一切弱点和不足。很多人不能完成自我接受，是因为他们固执地认为自己的弱点和不足把所有闪光点都遮盖了。要知道所有人都会犯错，但这不表明所有人都会因此意志消沉。

也许你曾经遭受巨大的磨难和挫折，这只是说明你并没有完整地释放自己。

每个人面对自己的弱点和不足，都想克服它们，在此之前，必须先认出它们。治病的第一步就是先了解疾病出现在哪里；获取知识的第一步是承认你对这一领域的一无所知；变得强大的第一步是先承认你并不强大。在实现理想的人生道路上，我们必须清楚地认识到自己的弱点和不足。这就要求我们承认并接受我们的个性、我们“体现出来的自我”或某些心理学家所称的“实我”永远是不完美、有改进余地的。

要知道，没有人在一生中成功地完全体现“真我”，或者在现实中展示“真我”的一切潜力。在“实我”、“体现出来的自我”中，我们永远无法穷尽“真我”的所有可能性和全部力量。我们永远能够学得更多、做得更好、表现得更优异。“实我”必定不完美，在我们的一生中，它始终都在向某个完美目标前进，但却永远无法达到。“实我”不是静止的，而是动态的、活跃的，它永远无法完整，永远无法到达终点，始终处在一种发展状态。

学会接受这一“实我”并接受它的所有缺憾非常重要，因为它是我们拥有的唯一手段和媒介。精神病患者拒绝并憎恨

“实我”，因为它不完美。他们想创造一个虚幻的、已趋完美的、已经“实现”的理想自我来取代“实我”。当人们企图在现实世界按照“假我”行事时，竭力保持伪装和虚假不仅是一种可怕的精神压力，而且还会带来持续的失望和挫折。

接受你现在的自我、真实的自我，并以此为起点，学会从内心深处忍受自身的缺憾。从智力上承认不足是有必要的，但如果因为有不足而自我批判或自我否定，那就是灾难。将你的自我与你的行为区别开来：你不会因为犯了一个错误或者偏离正确轨道就认为自己一钱不值或一无是处，就像计算机不会因为出现一个错误而变得毫无价值，或者一台钢琴因为弹出一个难听的音符而应该被抛弃一样。不要因为你不完美就恨自己，因为你还有一大堆同样不完美的同伴。人无完人，那些试图伪装真我的人，最终只能陷入痛苦的泥潭。

最需要的测试 | 第十步

○学会臣服于现实，勇敢地接受现实。

○我们如此的脆弱、懒惰、善感，同时又是那么的缺乏自信。然而，一旦我们开始了解如何开启使用心灵的大智慧，所有的限制便会消失。

○我们随时随地都在为自己适应这个世界而做着各种准备。能不能保持一颗纯净理性的心，决定了我们是否能一往无前地继续这场人生旅途。

心态测试
——挫折只是正常的人生反应

尽情地流泪吧，没关系，这是每个人都会经历的。不仅如此，学会流泪相当的重要。

我记得我 30 多岁的时候第一次投资失败，是真正意义上的惨败。我给我的朱迪阿姨打电话。朱迪阿姨经历了很多挫折，她在不满 16 岁的时候已经先后经历了 5 次手术，而且其中一次手术还使她的肺部出现了损坏。但是后来她成为了一个非常受欢迎的演员、歌手，甚至还成了当时首屈一指的激励演说家。她关切地问我："你现在感觉怎么样？""我没事，我自己都没有想到我会做到这么平静。”我回答道。“想哭就哭，想大叫就大叫，”她接着说道，“你需要释放一下。”“是的，好像确实应该这么做，但是很奇怪，我现在完全不想哭啊，为什么?”真是令我感到惊奇，为什么在这个时候我会一点都不想哭呢？这到底是怎么回事？难道我现在已经可以放下一些，准备好为下一次投资而拼搏了吗？如果真的是这样，那我一定是个超人！

“想哭就哭，想大叫就大叫，记住这时候千万不要压抑自己，亲爱的。”正想着，我听到她从电话另一端传来的声音。“可是我哭不出来，我也不知道为什么，就是哭不出来。”我回答道。“那么等你想哭的时候不要压抑自己，那时候一定要哭出来。”她告诉我。

我挂了电话，默默地在心里为自己打气，我告诉自己，我现在很好，一点都没事，我怎么会哭呢？我可一点儿都不想哭，我已经准备好为以后做打算了。一周以后，我仿佛被突然唤醒了，我蜷缩在自己的小屋子里，大声地哭喊，眼睛肿得像一个皮球，声音也沙哑了，眼泪止不住地流，很长时间。各种难过、悲痛、绝望的情绪劈头盖脸地冲我压过来，我感到又愤怒、又绝望，甚至还有一些怨恨：“为什么我会突然这样?”我反复地思考这个问题，在我的记忆里面，我从来没这么伤心过。当我哭完了，走到大街上时，我觉得心里舒服多了，这种感觉来得非常突然。我想这是因为我有意识地放纵了自己的感受，我让自己体会到那种愤怒、悲伤和失望，事实上，我甚至是在欢迎它们。

从小到大，我们总是听到父母的告诫："不许哭，坚强点!"所以我们似乎一直把哭当成一种消极的行为，我们也学着开始有意无意地把这些"负面的感受"压抑在心里，从不释放。事实上，这种做法非常糟糕。压抑自己的感情不但对事情起不到一丝帮助，事实上，它反而会加重你对事情的不良反应，这种悲伤的情绪反而会变得更加具体和真实。

事实上，压抑情绪是在加大它对你的影响。这时候会有人说，我让自己的注意力集中在别的事情上，变得忙起来，自然就好了。朋友，那也是另一种形式的逃避，逃避内心的感受只会延长那些不好的感受。如果我们的情绪得到释放，想哭就哭、想大叫就大叫，我们会在心里给自己留出更多的空间，让自己的思维变得清晰、内心恢复平静，这样才能真正做到为以后开始打算，继续拼搏。把注意力转移到别的事情上去，事实上只是大家普遍的错误理解。其实清除内心不良的情绪，本身就具有非常强大的治疗效果。那些试着转移注意力以减轻痛苦感受的人，似乎坚信消极能量会带来更多的消极能量，恶性循环、万劫不复。没错，消极能量的确会招来一些消极的人和事。但是我们仔细想想，相比之下究竟是哪个更糟糕？是将事情发生那一刻形成的消极能量释放出去，还是将它们压制在内心很多年，招来更多的消极能量？你看，如果一味地压抑或者逃避自己的情感，你会在不知不觉间产生更多的消极能量。压抑情感可能在短时间内让你感觉良好，但是我们要有长远的眼光，压抑情感会对你的生活造成破坏性的影响。也就是说，如果你不懂得正确地处理这些情绪，这些情绪会如同你的影子一样，你走到哪里，它就跟到哪里。你看不到它的存在，但是它确确实实地存在着，并且影响着你的生活。

不如学着电影中的女孩写写日记。每天记录下生活和由此产生的情绪，这是非常好的释放情绪的方式，就像自己与自己的对话。写日记的过程中，不要探究你究竟在写什么，只需写下你当下脑子里面的东西即可，不要编造、不必质疑，也不用批判。跟随自己的真实想法，随便写，让手中的笔成为大脑的指挥棒。如果你写到一个情节想哭了，那么尽管哭吧。真实地感受痛苦，体会每一个痛苦的微笑细节，让所有内心压制的痛苦、悲伤和愤怒浮出水面，然后释放。要记住，你的感情没有对错，它仅仅是你对事情的反应，所以不用对它做任何评价或者批判。

有时候，当你感觉走投无路时，其实不如痛痛快快地大哭一场，没有比这更舒服的了，不要因此而感到羞愧，你不是一个人，很多人和你一样。陷入危险或者困难的时候，大多数人会感到孤单、感到无助，感觉自己是这世界上最倒霉的倒霉鬼。我曾经参加过一档电台节目，当我刚把我的倒霉经历说完，主持人就大笑着说："我很高兴听到你的故事，没想到也有人跟我有一样的经历，原来我并不孤单，这样我感觉就好多了！"我也跟着大笑起来。的确如此，很多人都遇到过这样的情况，认为世界上除了自己别人都非常幸福美满，只有自己最可怜，觉得自己完全被孤立起来了。而事实是，每个人都有自己的不幸，不管你相不相信，不管你知不知道，其实这世界上还有很多人比你正在经历的要悲惨很多。

当然，明白了自己并不孤单，似乎对现实也没有什么影响。但是毫无疑问，它改变了你的视角，能够让你更平静、更轻松地看待这些挫折，穿越这场狂风暴雨。如果你想知道更多人与你有一样的经历，希望获得一些心理上的支持和安慰，很多社团和组织都可以为你提供帮助。现在，世界上越来越多的国家成立了类似的心理互助组织，它们将有相似经历的人们聚在一起，交流面对挫折困难的经验和心得，互相支持，互相安慰，共渡难关。你也可以在网上搜索一下，就会找到离你最近的心理互助组织，不过可能你并不太喜欢这种方式。不过只要你找到另一种你喜欢的方式，明白自己并不孤独，不是这世界上最倒霉的倒霉鬼，就可以让你轻松很多。要知道现在我们眼里的一些成功人士，不仅可能和你有着一样的经历，甚至比你更倒霉，不过现在之所以他们非常成功，是因为他们学会了处理情绪的方法。

我想很多人都听过这句话："你越是想排斥的东西，越难以战胜。"你越想与自己的命运抗争，命运就越会跟你作对。想要结束这一切？战胜它？最好的办法就是学会屈服接受现实。因为现实是实实在在存在的，你必须接受它。你可以因它感到沮丧、感到无助，甚至抗争、诅咒，但是却改变不了事实。现实有时候确实不公平、不公正，但是无论如何，你改变不了现实。有时候理想也失去了力量，当你要实现理想不得不跟现实对抗、斗争时，这只会增加现实给你带来的痛苦。很多人和你一样都选择了与命运抗争，排斥现实。但是你也可以选择接受和臣服，那么这样的选择自然也会让你的人生大变样。

想象一下，你走在拥挤的街道，突然有一群人迎面走来，眼下你无法继续沿本来的方向走下去。那么你会选择跟这个群体对抗，还是选择先跟他们走一个方向然后摆脱这个拥挤的街道，接着走自己的路呢？显然前者非常费力，而且并不一定会成功，而后者省力得多。不过我们必须要先解释一下，这里的“臣服”于现实，和“接受”现实，并不是放弃信念。换句话说，也就是学会保持清醒，不要让大脑长时间停留在混乱之中。不要自欺欺人，或者拼命抵抗，而是认清事实，接受现实。识时务者为俊杰，拥有了这种心态，你对周围环境的感受会有大幅度的改变。

可以这么说，你是在选择一条更轻松、更容易获得快乐的捷径。只要你学会接受现实，你会变得更加清醒，面对世事也会更加从容不迫，从而能更快、更准确地找到应对一切的方案。说了这么多，我想起来前不久发生在我身边的一件真实的事情，它非常生动地验证了以上观点，是学会接受现实的绝佳例子。这场对话仿佛就发生在昨天，之所以我记得这么清楚，是因为事情发生得非常突然，以至于我忘记了之前我们的对话。我只记得事情是这样开始的，我的伯父把我叫到跟前，对我说：“亲爱的，我跟你说一件事，但是你必须先答应我，听了以后一定不要惊慌失措。”“好的，没问题，”我看着这位从小宠爱我的慈祥长辈的眼睛，笑着说，“我肯定不会的，说吧，什么事？”“先答应我好吗？一定要答应我，你一定不能被吓到，好吗？”伯父重复道。

“好了，我肯定不会被吓到，伯父你可不是吞吞吐吐的人，快说吧。”我觉得有些好笑。“我得了胰腺癌……”

我的心一下子沉入了谷底，我简直不能相信自己所听到的。胰腺癌？多么遥远，但是现在近在眼前。很快我开始试着说服自己，不要紧张，伯父还不到50岁，他一向喜欢开玩笑逗我开心。但是看着伯父的眼睛，我瞬间明白了他没有骗我，我的心简直要跳出来了。我简直不能控制自己的情绪，闭上眼睛对自己说镇定、镇定，你答应了伯父的，一定要镇定。

半个月后，伯父做了手术。手术那天，我就坐在伯父的病床边，握着他的手安静地等他醒来。等待的过程中，我开始写日记。回想起这些日子伯父面对病魔的态度令我震惊，我在日记中这样写道：我不知道怎么使自己眼泪停下来，也不知道从何说起。我此刻坐在我亲爱的伯父床前，这个在我年幼时宠爱我、陪伴我的人，今天刚刚做了胰腺癌手术。但是他的态度令我震惊，是的，我完全没有料到他会这么积极乐观，我从来没遇见过这么乐观的癌症患者。早上8点，我看着他被推进手术室，他甚至面带平静的笑容。昨天，他甚至还跟我开玩笑，我扶着他，他问我穿着病号服是不是更加英俊了。他的手搭在我的肩膀上，微笑着问我："亲爱的，你看我戴个礼帽会不会更有气概?"我一边大笑，一边忍不住心里为他难过，要知道这是一场大手术，我们谁都不知道结果如何。话说回来，即使成功，他还要接着经受两年半的化疗，他的头发恐怕会掉光，他怎么能这么放松？但是事实上，我的伯父一直保持着平静、乐观的心情，甚至有点喜悦。

我觉得有些奇怪，非常不可思议。可能别人会觉得他的样子非常怪异，对于同样的癌症患者，他的反应显得非常不正常。不过后来我想，也许他只是故作轻松，让家人不那么为他担心，或者他不想在别人面前显露软弱的那一面。不过他确实做到了，并且很成功。这段时间我一直在想，也许伯父是在逃避，他的乐观和轻松显得非常奇怪，甚至让我觉得非常不舒服。有时候我想提醒他，你面对的是癌症，你到底是怎么了，是不是太紧张了？你不知道你面对的现实是什么样的吗？不过我控制住了自己，我选择支持他。这些日子以来，我发现我的伯父非常镇定，一切都那么轻松，他时时刻刻都清楚地知道自己面对的是什么，他根本就没有逃避现实。

后来我无意间看到了伯父的记事本。我的伯父是这样说的：也许这世界上任何人接到癌症诊断书的时候都会陷入绝望和痛苦，但是我却把它当成了上帝的礼物。也许我一开始是害怕的，但是我很快意识到，只要学会把癌症当作帮助自己实现转变的渠道，它就不会那么令我惊慌了。

我清楚地记得我的伯父被癌症折磨，最后痛苦地死去。那时候我也为他感到惶恐，但是即使在病痛最严重的时候，生命显得那么脆弱，他依然释放出人性的光芒，毫不动摇。

他在日记里这样记道："当我像往常一样准备穿衣服起床的时候，突然感到上腹部剧烈地疼痛，我一下子呆若木鸡，'怎么回事？'我问自己，联想到我这些日子以来的不适，我很快镇定下来，脑子里出现了一个声音，'你很清楚这是怎么回事。'我安静地躺在床上，看着天花板，问自己，你怕死吗？不，我一点儿也不怕死。相反，死对于我来说是一种回归。我环顾四周，突然有一种巨大的安宁感和解脱感。我再也不用为这些事情心烦了：天花板上的灰尘、肮脏的地毯、吵闹的邻居、电话账单……当然我还是要处理这些事情的，但是显然，我已经不用把它们放在心上了。想到这里，我反而开始微笑了。内心被一种巨大的安宁感包围。我可以完全解脱、完全放下，我再也不用为生活中这些琐事担忧了。既然一切不能改变，那么我现在要做的就是接受这一切，活在当下。此刻我仿佛重生了，每一刻都是新的开始，我可以重新选择一切。这些日子里，我始终保持着乐观开朗的生活态度，彻彻底底地接受了现实。我反复告诫自己，生活中的任何事都是我不能控制的。但是我还有一样东西可以控制，那就是我的心态。我开始平静地听从自己内心的指令，只做当下的决定。我选择保持乐观，选择大笑，选择远离那些可怜我的人。我开始尝试着关爱我身边的一切，一切都仿佛一场重生。那时候我才意识到，这个世界对我真的很友好，我需要什么就会拥有什么。这一切为时不晚，我笑着面对世界，世界也开始展现一张笑脸面对我。我的心中愈加快乐，这使我充满了阳光和感激。相比这样巨大的转变，癌症的病痛根本不值一提。当然，即使如此，生活中还会有一些不快的事情发生。就像以前一样，我受到了伤害，泪流不止，我非常清楚地感受到这些痛苦，但是我不再试着躲避。这个全新的态度促使我开始思考，如果想要那些不好的情绪消失，不如用感恩的心态去取代它们。我开始学着感恩一切，我感恩所受到的教导，感恩治疗我的医生、感恩鼓励我的病友。我的内心充满了平和，我相信一切都会变好。我的医生不仅医术高明，而且非常关心我。我乐于接受这一切，并且告诉自己，为什么不把这一切当成一场有趣的旅行呢？为什么要把事情想得那么坏？现实就是这样，我们无力改变，那么为什么不换个角度去看它？让它变得更有趣，让大家轻松一下呢？我开始在治疗的这些日子里，跟我的医生和护士们开玩笑，尽量让一切都显得轻松，我做到了，于是现实就变得越来越简单和有趣。即使在进入手术室的时候，我还坐起身来，向大家表示感谢，跟所有人微笑。我没有一刻感到孤独绝望。手术进行得非常成功，比预计还提前了一个小时，没有意外，没有压力，没有痛苦。当然，这一切都在我的预料之中。

“学会臣服于现实，勇敢地接受现实。不要试图抗争，放下幻觉，学会跟现实更好地相处，这样现实就会变得和你想象中的一样。接受现实，是一种勇气，是生活的修正笔，修正了偏见和灰暗，让你更好地看清未来的道路，判断接下来应该做什么。接受现实，意味着你不再跟自己过不去，当你学会接受现实，生活中的美好会自然而然地进入你的视线，你的人生也会因此改变。学着放下心中的执念、勇敢地接受现实，我们就会离真理越来越近。我完全乐意接受命运的安排。在接受化疗的过程中，我依然听从自己内心的声音和指导，我对这一切保持开放的心态，认真地感知外界的任何信息，有时候奇迹真的会出乎意料地突然降临——你必须学会迎接它。每一天，每一分钟，时时刻刻你都需要作出抉择。没错，我选择感恩、选择生命、选择勇敢。”

我的伯父面对这一切的反应令我充满敬畏。如果他和别人一样，他会难过、绝望、痛苦，我相信做到像他这样的很少。我也相信伯父也曾在某一瞬间有过难过的心情，但是他最终选择了勇敢地接受现实。这样，突然之间，所有在乎他的人都不再为他的情绪担忧，而他的人生开始了另一段旅途。所以，千万不要抵抗或者判断生命中发生的一切，那样会让你遭受更多的创伤和痛苦。学着勇敢地接受，学着放下心中的执念，结果会变得截然不同。当你面对抉择，感受痛苦的时候，一定要听从内心的声音和指令。问问自己到底想要什么，到底在抵抗什么，批判什么？让心中的声音告诉自己，然后放下这个答案，放下所有刻意的执念，接受现实。

欲望测试
——尊重内心世界

看看心灵的力量有多么神奇。

我们的心灵是一个巨大的宝库，它储藏着无穷无尽的能量：思考的力量、渴望的力量、知觉的力量、信仰的力量、乐观的力量、选择的力量、想象的力量、专注的力量、给予的力量、决心的力量、坚持的力量、学习的力量、意志的力量、爱的力量……它们就像一束束阳光、一点点色彩，为我们构成了充满活力、五彩斑斓的人生。我们拥有它们，并且能充分利用这些神奇的力量。事实上，不可否认，这确实是最强大的力量。它促使我们成为我们最想成为的人，做成我们最想做的事情。

一位哲人曾经这样说，做自己，并且尽力成为我们想成为的人，这是生命最大的也是唯一的意义。没错，的确如此。但是我们的天赋才能都隐藏在我们内心深处，也就是说，也许我们本身并没有意识到我们可以做更加不可思议的事情。

如何探索你内心深处的潜能，发现还被深埋的资源？你一旦认识到自身存在的无穷潜能，就能认识到自己生命中将会绽放出无限的精彩，此时你的生命便开始了一个新的阶段，更精彩和完美的人生就在你眼前。人的祈望应该怎样实现？对，应该向自己、自己的内心祈求。每个人都是一座巨大的宝库，我们的宝藏在哪里呢？在我们两个耳朵之间的地方，那就是大脑。我们的心灵在绝大多数情况下都活动于意识层次之下，这是我们真正的力量来源。

因此我们说，心灵有着成就一颗更伟大心灵的基础。这个伟大的心灵，我们称之为“宇宙的心灵”。“宇宙的心灵”拥有巨大的力量，无处不在，以至于我们无从探究它的全貌。它是能量、是智慧，历史赋予了它更多的称谓：神力、源泉、荣光、万能的神祇。这个神奇的、万能的、看不见的心灵并不是单指某一个人，当然它也不是一个留着白胡子、穿着白袍的老巨人，在天上俯瞰众生，操纵世界。它是一种活灵活现的灵魂，存在于我们每个人的大脑内，与我们紧密地结合在一起，是我们身体的一部分。它在你心里，你表现了它。它看不见摸不着，没有具体的形态，但是指挥着你的所有行为。

我们作为进化过程中现阶段的一种生命形态，有着太多的限制。我们如此的脆弱、懒惰、善感，同时又是那么的缺乏自信。然而，一旦我们开始了解如何开启使用心灵的大智慧，所有的限制便会消失。在茫茫宇宙中，我们的心灵是最伟大的创造工具和发明工具。宇宙的心灵能够跨越所有时间和空间，将思想以一种具体的形式表现出来，我们现在所看到的知识和智慧都是由此而来。我们拥有和发明家不相上下的能力和才华，我们应该深思、反省和想象，我们也可以成为一个伟大的发明家。发明创新，这种高层的力量，一旦发挥，会让我们发现自己最真实的那一面，和我们存在在这个世界的最终目的。在这个过程中，我们也会更深刻地了解到我们生命的意义、目标、信念和方向。要记住，我们当中任何一个人的内心都存在着神奇、巨大的力量。

我记得我的一位远方长辈在逝世前深刻地体现了这一点。这位老人被下了病危通知书，医生说她恐怕都撑不过当晚。老人自己心里也深深地明白这一点——病痛在自己身上实实在在地发生着。她死前非常想再见见自己远在华盛顿的孙子一眼，与此同时，她的孙子也乘车从华盛顿赶来。大家都在她耳边轻声说，一定要坚持住，您最疼爱的孙子正在从华盛顿赶来看您，您陪伴他度过了整个童年，您必须见他一面，否则他会遗憾终身的。大家一直在鼓励着这位病危的老人，直到第二天晚上他孙子风尘仆仆地匆匆赶来。老人见了孙子一面，放心地离开了人世。事实上，我们的生活中还有很多类似的事情，几乎无时无刻不在发生。每个人都是一座宝库，获得宝藏的力量并不需要做什么别的努力，因为它就在我们身上，如影随形。我们只需知道如何发现和运用它们就可以了。

在大多数情况下，我们总是习惯向外部世界寻求帮助，但是真正的宝藏在我们内心。知道了这一点很多事情就会有新的改观，人生也会进入一个新的阶段。因为人的心灵是没有限制和界限的，我们所要做的就是去激励、扩张自己的内心，这样才能发现自我、了解自我，从而完善自我。

人性测试
——心灵力是最真的声音

时时刻刻，我们的内心都在向我们发送着各种信息和指令。这些信息非常重要，我们不仅不能忽视它们，还要认真地聆听它们。不过大多数情况下，我们都在不知不觉间忽视了这些信息，或者即使感知到了也没有认真地听从它们。而这些信息，它们在以非常微小的声音告诉我们哪些情况有问题，哪些事情需要被注意，我们应该怎么做，或者干脆应该放弃某一个计划。

有时候这些信息会让我们感到消沉、痛苦，所以我们不愿意去听从它、面对它，或者干脆忽略掉，但是事实就是事实。我们内心的声音不会消失，而事实的情况也不会改变。相反，这些声音会变得越来越大，直到我们意识到不得不听从它了，而在这个时候，事情已经远远没有刚开始那么简单了，我们也由此陷入了低谷。

很多人把这些内心的指令当作一种类似长辈的劝诫——就像我们年幼的时候往往选择不听从那些来自老人们看似非常“迂腐”的建议。是的，我就曾经经历过这样一次失败，有一次我跟一个商人讨论股票的问题，这个过程中，我似乎听到我内心的声音在劝诫我，但是似乎非常微弱，它提醒我，再观察一下，多了解了解现在这支股票的状况，似乎有些事不太对劲。但是我本能地回避了它。

现在回想起来，整个过程中，我的内心都在提醒我，但是我选择了忽视和逃避。事实是，我最终做出了错误的决定，我赔了一大笔钱进去，现在想起来都非常后悔。我想大多数人想要解决问题，或者不知道下一步怎么进行的时候，我们经常会问一问身边的人：“我该怎么办，我现在应该怎么做。”希望从他人那里得到正确的答案。

是的，征求建议是没错。但是你没有想到的是，他们不是你，他们不了解你所经历的事情，也不明白你真正想要的是什么。他们给出的答案，是他们如果处在你的环境之下，会做出怎样的选择，同样地，他们的选择表现了他们自己想要的结果，是基于他们的经历和智慧做出的判断。因此这种答案对你来说，是有局限性的。不可否认，有时候多听听别人的意见是件好事，能使你开阔眼界，带来截然不同的思考，甚至会由此引发更多的宝贵灵感。但是这些建议也会扰乱你的内心，使你更加混乱，离你想要的结果也会越来越远。

这世界上只有你自己才最了解自己，换句话说，世界上不存在跟你完完全全一样的人。所以说真正能够给你正确答案的人，只有你自己。因为你自己才明白你最需要的是什么。面对抉择，不妨梳理一下自己纷乱的情绪，让大脑进入一个相对静止、清晰的状态，这时候答案会自然而然地浮现。很多时候，我们不相信直觉，是因为我们认为直觉是浅显或者感性的，所以我们会有意识地排斥我们内心告诉我们的答案。当然如果想要内心告诉你明智的答案，你的内心必须保持在平静安宁的状态下。如果你始终处于高压、愤怒或者沮丧的状态，你所感知的内心声音就不会是一个正确的答案。这些答案不仅没用，还会起到一些反作用，把事情变得更糟。也许这个时候你失去了辨别是非的能力，你也自然而然地失去了聆听内心的能力。那么你要学会做的是，让自己的思路保持清晰，内心保持平静、安宁。认真地倾听自己内心的声音，并相信直觉。要记住，当你面临问题时，答案早已确立了。就像我们小时候做习题一样，无论你怎样计算，正确答案就写在那里，不会改变。你要做的是为自己拓展更大的空间，进而获取正确的答案。想要做到让自己的思维平静，不妨跟着我做这样一个小练习：保持安静，闭上眼睛，思考当前的问题，开始进入冥想。千万不要试着让大脑立刻给出一个答案，甚至不用去想关于答案的事，因为只要保持这个状态，答案会自然而然地降临。

目标测试
——时刻都在计划着

只有清楚地知道自己想要的到底是什么，才会对自己的未来有个计划，才会知道自己该何去何从。这样，人生才会有意义、有方向，才会不留遗憾。

很多人都不知道自己能够做点什么，也不知道自己真正想要的是什么。在一件事开始的时候，我们雄心勃勃，但在过了一段时间之后，就会变得沮丧颓废、没了动力，甚至整个人都麻木了。很多人不知道自己到底为了什么而活着，他们努力地工作，只不过是为了得到财富和地位。一旦得到了他们想要的，登上了物质生活的顶峰，却会发现一切都为虚空。

保罗是一家石油公司的人力资源总监，在过去的几十年中，他面试过数万名想要进入这家公司的求职者。曾经有人问他："当今的年轻人在求职的时候，最容易犯什么样的错误？"他回答道："最大的错误就是不知道自己想要的是什么。你不妨想想看，一个人在将会影响自己未来命运的工作上所耗费的精力竟然比花在购买一件衣服上的精力少得多，这是多么奇怪的事情，尤其是当他未来的幸福生活都指望这份工作的时候。"关于生活方式、工作与休息、经济能力，以及成就感的来源等重大的课题，如果没有一个十分理性清晰的看法，我们就不知道自己为何而活，沉重的付出只能给我们带来微不足道的回报。其实，心灵和美感的升华、理想的工作、让自己快乐和满足的交际、能符合身份和劳动量的报酬，等等，这些东西并不是可望而不可即的。但是，你首先要明白自己想要的究竟是什么，才会进一步明白如何去追求它们。

知道自己想要的是什么，具体来讲，就是要有一个明确的生活目标，要有一个明确的意图，知道自己想要得到的是什么结果。把是否知道自己想要什么作为一个标准，我们可以把职场青年划分成下面几类。第一类是被动算盘珠型，他们一切唯领导马首是瞻，领导的要求就是他们努力的方向，他们想要做的就是能够完成好领导所安排的事务；第二类称之为消极怠工型，这种人完全是为了混日子，他们不在乎自己想要什么；第三类是独立自主型，他们明白自己想要的是什么，他们工作起来带着明确的自主性和目的性，不但按照自己的想法来完成工作，还明确自己需要做些什么事情才能为自己的目标服务。当今职场上的大多数员工都属于第一类，他们非常被动，只适合勉强地当一个打工仔。有一小部分人得过且过，始终走在被淘汰的边缘。那些做事带有明确目的性的人，会按照自己的目标成为领导，或者炒了老板的鱿鱼。毫无疑问，第三类的人会活得最有意思。虽然他们知道在实现自己想要的东西这一过程中，必然会有得有失、喜忧参半，但最终是会获得收获的。这种人往往被领导形容为“有想法的人”。我们怎样才能成为一个有想法的人呢？怎样才可以知道自己想要的究竟是什么呢？这正是很多人正在思考的问题。从宏观角度上说，自己要给自己一个明确的定位，就是自己想要成为一个什么样的人，想达到什么样的成就，获得什么样的地位，然后围绕着这一目标来做自己应该去做的事情。从微观角度上说，每做一件事之前，都要先问自己一遍，我做这件事是为了什么，为何要这样做，如何去做才能达成目标，从而让这件事做得更有意义。总的来说，自己在做事的时候多思考一下，不要让别人的意志左右了自己；而且自己对任何事情都要有一个自己的判断，即便这种判断可能会错误，但是检验它是否错误的过程也同样重要，有错误才会有收获。如果不进行判断，将会一事无成。

思维测试
——什么样的选择决定什么样的生活

你从一睁开眼睛就开始选择：该穿哪件衣服出门？开车还是坐公共汽车去上班？是尽量卖力地去完成这个任务还是马马虎虎做完就可以了？中午去食堂还是出去找饭馆吃饭？总之，你一直要面对一个接一个的选择。人生就是一个不断选择的过程。每个人的前途和命运，都被这一个个的选择所决定，它们都掌握在我们自己的手中。想要成为有钱人，就得做出选择：首先我们要去选择的不是如何去赚钱，而是要先具有有钱人的思想，具备致富的心态。如果不然，即使你赚了再多的钱，钱也会很快地从你兜里跑得一干二净。心理学家早就说过："你怎样思考，你就会变成怎样的人。”一个人贫穷或者富有，不取决于他所处的条件和环境，贫民窟里照样可以走出来百万富翁。

人生中的任何结果最初都来自于自己的选择。什么样的选择会决定什么样的生活。今天的生活是由好几年前我们的选择决定的，而今天我们的选择会决定我们几年后的生活。一切的改变都源于自己观念的改变。最好的选择当然就是态度最积极的那个选择。

你希望工作更加顺利，生活更加快乐，但你觉得自己总是在从事不喜欢的工作——这是你自己的选择，因为你完全可以更换一个工作。

你希望身体更加健康、更加强壮，但是你总是说是因为自己没有时间运动，从而导致身体虚弱——这是你的选择，因为你完全可以抽出时间来运动。

你希望家庭更幸福、孩子更听话，但是你总是跟太太闹矛盾，孩子的学习成绩也不理想——这是你的选择，因为你完全可以控制情绪或花时间教育孩子。

你希望拥有更好的人际关系，有更多的知心朋友，但你总是说朋友少——这也是你的选择，因为你可以决定让自己多交一些朋友。

许多富豪的智商其实并不是很高；许多政要也并不是最有才干的人。他们之所以能够成功，是因为他们找到了掌握自己命运的关键点，正是在这一点上，他们超过了普通的人。一个错误的选择，可能会导致情场失意、社交失误、商场亏本、官场落马、战场惨败。人生中的种种不幸都源于一个个错误的选择。

正是一个个的选择决定了我们能否最终取得成功。有时候，成功或失败并不取决于你懂不懂什么道理或者知不知道什么方法。虽然方法很重要，但真正决定成败的，其实是你的各种选择和决定。

信念测试

——信仰的魔力

“信仰”是个有趣的词，我翻过许多字典，里面对这个词的解释和定义多种多样。对于不同的人，信仰一词有着不同的定义：对于一些人来说，这是一个宗教术语；而对于另外一些人来说，它代表着内心的希望所在。不管在你的词典里信仰是什么意思，当你遭遇到困境时，信仰或者信念都会给你巨大的抚慰。

《英语世界词典》里是这样定义“信仰”一词的：对某事物一种强烈的或不可动摇的坚信，尤其是在没有任何证据可以证明该事物的情况下。

所谓的“不可动摇”，就是指不存有丝毫的怀疑，即便没有任何证据可以证明某件事物的准确性，还是会对它坚信不疑。

当我的人生陷入最崩溃的阶段时，信念就是我的一切。如果没有了它，我真的不知该如何度过那些糟糕的日子。我对一种更为强大的东西充满信任，我相信任何事情的发生都是有原因的；我相信一切都会过去的；我相信这段经历一定会给我的人生带来意想不到的收获……正是这些信念帮助我度过了人生最黑暗的时刻。重要的是要有信念，要相信这世上的确有更高一层的力量。

不妨回想一下，你这一生遭遇过的最大危机是什么，然后再想想，过了一个月或者一年之后，你是如何评价这次危机的。不可否认，有时你会觉得它其实是你相当重要的人生转机。

或许你到现在都搞不清楚为什么自己会遇到某些事情。但只要有信念，只要坚信更高层次的力量的存在，哪怕在最疯狂的动乱之中，你都会感觉非常平静。你会告诉自己，所有这一切都是有原因的，要有耐心，要保持开放的心态。

试想一下，当你独自一人走在黑暗之中，不知道未来将会发生什么，不知道自己能否承受未来，这时信仰会带给你决定性的力量。

学会放下自己，放下所有的事情，把自己交给更高层次的力量，这或许是任何人一生中需要接受的最大考验。能够做到这点并不容易，尤其是当困难接踵而至的时候。

一位心理学家想知道人的心态对行为到底会产生什么样的影响，于是他做了一个实验。

首先，他让十个人穿过一间黑暗的房子。在他的引导下，这十个人都成功地穿了过去。

然后，心理学家打开房内的一盏灯。在昏黄的灯光下，这些人看清了房内的一切，都惊出了一身冷汗。这间房子的地面是一个大水池，水池里有十几条大鳄鱼，水池上方搭着一座窄窄的小木桥，刚才他们就是从小桥上走过去的。

心理学家问："现在，你们当中还有谁愿意再次穿过这间房子呢？"没有人应答。过了很久，有两个胆大的站了出来。

其中一个小心翼翼地走了过去，速度比第一次慢了许多；另一个在木桥上走到一半时，竟趴下了，再也不敢向前移动半步。心理学家又打开房内的另外九盏灯，灯光把房间里照得如同白昼。这时，人们看见小木桥下方装有一张安全网，由于网线颜色极浅，他们刚才根本没有看见。

"现在，有谁愿意通过这座小木桥呢？"心理学家问道。这次有八个人站了出来。

“你们为何不愿意呢？”心理学家问剩下的两个人。“这张安全网牢固吗？”这两个人异口同声地问。很多时候，成功就像通过这座小木桥，失败的原因恐怕不是力量薄弱、智能低下，而是由于周围环境的威慑——面对险境，很多人早就失去了平衡的心态，慌了手脚，乱了方寸。

保持良好的心态才会在逆境中崛起，保持良好的心态才能取得成功，从古至今概莫能外。贝多芬一生不乏坎坷挫折，在他人眼里贝多芬不过是一个又聋又痴的音乐狂人。双耳失聪对于一个投身音乐事业的人来说已是一种致命的打击，他人的不理解与内心的孤寂更增添了贝多芬的抑郁，可是他没有被击倒：我要扼住命运的咽喉，人生总有坎坷，纵然前方荆棘铺路，也要时时燃起心中那盏不灭的心灵之灯。这盏灯会指引我们走出心灵的困境，充分发挥我们人类特有的主观能动性。让强烈的精神意识把我们从黑暗中解救出来，摒除外界的干扰，走向成功的殿堂。

心态决定命运，心态改变命运！

上帝总会眷顾我们的，只是可能他的方法有些奇怪，可能有点神秘，但只要我们保持开放的心态，上帝的礼物随时会到来。

当一切都陷入崩塌，你都要万念俱灰了，此时保持信念并不是一件容易的事，但一定要相信，一个来自于更高层次的力量早已为你安排好了一切。学会放下吧，不要刻意抵制或排斥；学会臣服吧，相信你身体的每一根神经都会受到上帝的眷顾。当然，一定要保持开放的心态，这些话可能你现在还不太理解，但没关系，这一切迟早都会被证明。

问题测试
——世界上的任何事都是能解决的

我记得我高中毕业的时候，数学得到了A+的成绩，当时我自信满满——那种感觉我至今都记得。那时候我想以后无论遇到什么样的数学习题，都能轻松解答了。不过事实上，我后来确实遇到了不能解决的数学难题，这是后话，暂且不表。这里要说的是，其实世界上的任何事，都是有解决方法的，就像任何地方都有一条或者几条路可以通向那里。任何事情都可以解决，就看你有没有解决它的信心和耐力。如果拥有了解决问题的积极态度，无论多么令人头痛的问题，只要通过不懈地努力，最后肯定能找到有效的解决办法。不过话说回来，为什么我们身边还存在着那么多垂头丧气的人呢？他们因为失败而沮丧、消沉。我想说的是，世界上没有解决不了的难题，只有不想解决问题的人。如果不积极地解决问题，那么你自己会被自己绊倒。人生的经历是一种成长，从任何小事都可以体现。这种成长的过程使你变得成熟，这将是一场痛苦的蜕变。当你跨过年少时沉沦的一切，向着你曾经以为永远不能改变的幼稚想法开炮时，你自己就是最强有力的武器。如果你能说服自己成功地打赢这场战争，就会懂得生命的意义和责任，而不再像年少时一样感叹着人生的悲苦和怅惘。美国黑人作家埃尔德里奇·克里佛有一句话："你不能解决问题，你就会成为问题。"现在我们换一种说法，你不积极地解决问题，那么你自己将会被自己绊倒。仔细想一想，我们成为自己的绊脚石，多半原因是逃避责任，或者放弃选择的权利。大多数情况下，我们不是没有事情后续发展的决定能力，而是我们放弃了这个选择的机会，逃避了本应承担的责任。可能这个时候我们还在怨天尤人，认为自己脆弱无助，没有解决问题的能力，这是因为我们丧失了对自己能力的自信心。

现实是一张静止的图片，它清晰地反映了我们所经历的一切，客观而又详尽，它准确无误。我们能清楚地看到自己的位置，知道我们想要得到的东西以及它的位置。但是如果这张图片不真实客观，我们就会迷失方向。事实上，从我们呱呱坠地那一刻起，都不知道将来会发生什么。当我们逐渐长大，开始了一场单独的人生旅途，那么首先要做的就是弄明白自己想要的是什么，记住，是你自己，而不是被别人的想法影响了的你。世事无常，我们随时随地都在为自己适应这个世界而做着各种准备。能不能保持一颗纯净理性的心，决定了我们是否能一往无前地继续这场人生旅途。